そのまま使える！

PowerPoint

企画書

テ

素材集 α
<small>しめ</small>

河合浩之 著

PowerPoint 2019 / 2016 / 2013 / Office 365 対応

技術評論社

INTRODUCTION

はじめに

企画書は見た目が9割

本書は、"紙の企画書"を作成するためのテンプレート—つまり、企画書の「見た目」を演出する「器」を取りそろえた素材集です。企画書にとって「見た目」は、中身以上に重要となることがあります。「いやいや、企画書は見た目ではなく企画自体が大切でしょ」。そんな声もあるでしょう。いやほとんどのかたがそう思うでしょう。そんな反応に、私は毅然と申し上げましょう。「まさにそのとおりです！」と。もちろん、本書を手にされているみなさんは、思い入れのあるステキな企画をお持ちの方、もしくはこれから立案される方ばかりでしょう。しかし、こんな現実をご存知でしょうか？　未来をすばらしいものにできるはずの企画、それをしたためた企画書が、中身を見られることもなく、床ではなくちゃんとゴミ箱に捨てられている、という事実を。なぜこんなことが起きるのか？　その大きな要因は、企画書の「見た目」にあるのです。なぜなら、企画書は自らの手を離れた瞬間から"一人歩き"するものだからです。しっかりと身繕いしていない企画書は、決裁権のある忙しい"面接官"にパラパラと斜め読みされ、見づらければ途中でポイっ。あなたがその立場であれば、きっと同じことをするでしょう。世の中の多くの企画書は、「見た目」で大きな損をしているのです。さて、話を本書に戻しましょう。本書には企画書の「見た目」を演出するためのデザインが収録されています。カスタマイズ例や適用例を参考に掲載しているので、企画内容や企画の雰囲気に合わせてオリジナルの企画書を手早くつくることができます。デザインの「器」があることで、自ずと中身のデザインもイメージしやすくなるでしょう。「見た目」で損をしないために。本書を思いっきり使い倒して企画書をドレスアップし、堂々と送り出してあげてください。

2020年1月　河合浩之

CONTENTS 目次

PART.1 フォーマル＆カジュアルなデザイン 018

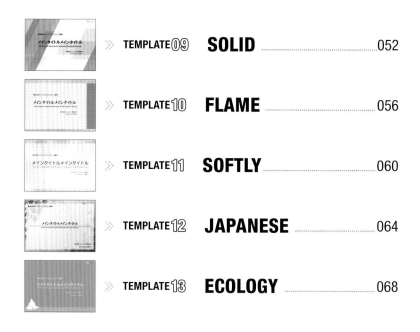
PART.2 オブジェクトを元にしたデザイン

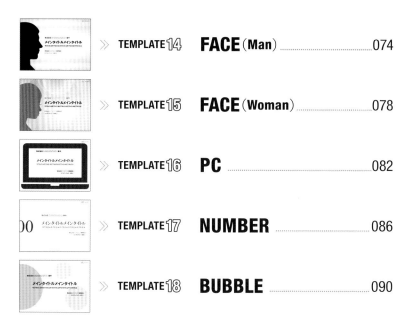

CONTENTS

299.75 mm

PART.3　形状と色を元にしたデザイン 126

本書の読み方

テンプレートページ

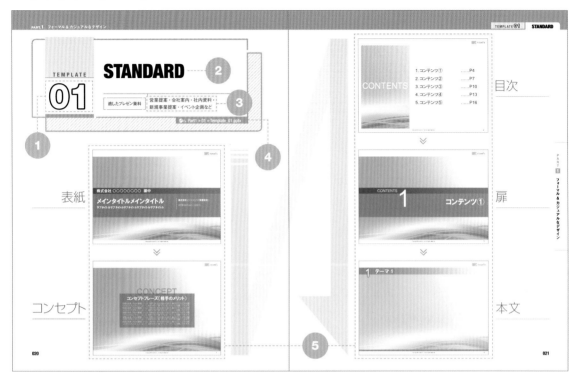

① テンプレートの番号です。

② テンプレートのイメージ名です。

③ テンプレートが適したプレゼン例です。

④ テンプレートが収録されているフォルダ名とファイル名です。

⑤ 収録されているテンプレート内容です。

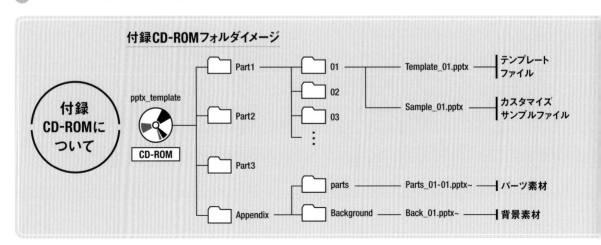

カスタマイズページ

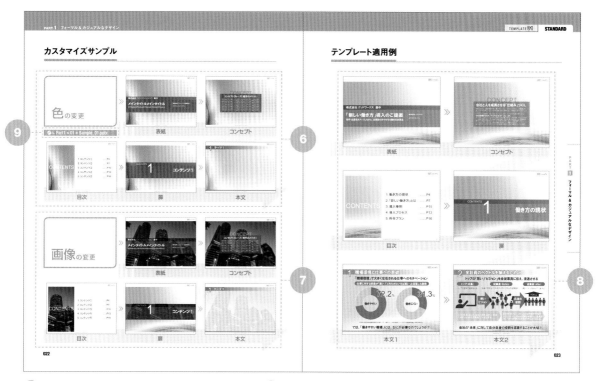

⑥ テンプレートの色を替えてみた例です。

⑦ テンプレートに写真を入れてみた例です。

⑧ テンプレートを企画書に適用してみた例です。

⑨ 収録されているフォルダ名とファイル名です。

※カスタマイズサンプルは「色の変更」のみ収録しています。

付録CD-ROMおよび収録素材について

- 付録 CD-ROM の収録ファイルは PowerPoint 2019/2016/2013/Office365 に対応しています。
- 付録 CD-ROM には Microsoft PowerPoint は収録されておりません。各自が別途ご用意ください。
- 収録データは個人、商用利用を問わずに自由に使うことができます。データの改編も自由です。
- 収録データを使えるのは本書の購入者に限ります。データをコピーしたものや、本書を借りた場合は使うことができません。
- 収録データおよび改編データそのものを販売したり、配布、貸し出したり、ネットワーク上でダウンロードできるなど、本書購入者以外の他者が自由に使えるようにすることはできません。
- 収録データを資料した結果、何らかの不具合が生じる間接的・直接的被害について、著者および出版社はいかなる責任を負いません。

付録CD-ROMの内容はダウンロードでも入手できます!

1. 本書ページ（**https://gihyo.jp/book/2020/978-4-297-10981-3/**）にアクセスして、表示されている「本書のサポートページ」をクリックしてダウンロードページに移動します。

2. IDに「**PowerPoint**」、パスワードに「**Template**」を入力してダウンロードしてください。IDとパスワードは半角文字です。大文字小文字を正確に入力してください。

テンプレートのカスタマイズ方法

本書に掲載および収録しているPowerPointのテンプレートを利用した、
カスタマイズ方法について解説していきます。
各テンプレートはパソコンのハードディスク内にコピーして保存しておきましょう。
なお、解説はPowerPoint 2019の画面です。

テンプレートのカスタマイズ方法

1 ガイドを表示する

❶使いたいテンプレートを表示させ、メニューの「表示」をクリックし、リボンの「スライドマスター」を選択すると、表示が「スライドマスター」の編集画面に変わる。スライドマスター表示の左側に表示されているサムネイルで、一番上のスライドマスターをクリックして表示する。

❷リボンの「ガイド」にチェックを入れると、スライドにガイドが表示される。チェックが入っているのにガイドが表示されない場合は、いったんチェックを外し、再びチェックを入れるとガイドが表示される。

2 ロゴを変更する

❶スライドマスター表示の左側に表示されているサムネイルで、一番上のスライドマスターをクリックして表示する。
❷スライド右肩に配置してあるロゴを削除し、自社もしくは個人のロゴ画像に置き換える。

3 コピーライト表記を書き換える

❶ロゴと同様に、スライドマスターの下段中央に記載されている「コピーライト表記」を、自社もしくは個人用に書き換える。

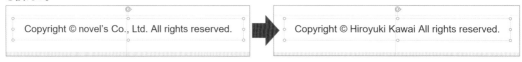

4 配色を変更する

❶一番上のスライドマスターを表示させた状態で、リボンの「配色」をクリック。変更したい配色を選択、もしくは、「色のカスタマイズ」でオリジナルの配色を作成し、設定する。

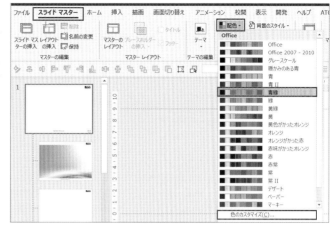

5 フォントを変更する

❶「配色」の変更と同様に、スライドマスターのリボンで「フォント」をクリック。既存のフォントセットを選択するか、自身で作成したオリジナルのフォントセットを選択。新しくフォントセットを作成する場合は、「フォントのカスタマイズ」をクリックしてフォントセットを新規作成する。

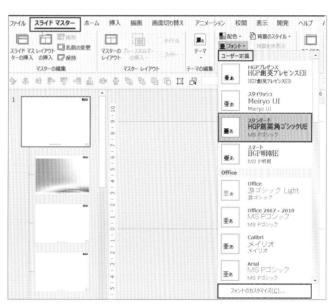

6 背景色を変更する（背景画像を使用していない場合）

❶スライドマスターで背景色を変更したいマスターを選択。マスタースライド上で右クリックし、プルダウンメニューの「背景の書式設定」を選択する。

❷右側に表示される「背景の書式設定ウィンドウ」で変更したい背景色を選ぶ。

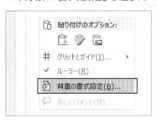

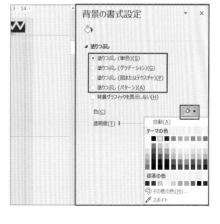

011

7 背景色を変更する（背景画像を使用している場合）

❶スライドマスター上の背景画像をクリック選択。リボンの「書式」→「色」を選択し、変更したい色を選択。
もしくは「その他の色」をクリックし、イメージしている背景色になるように調整する。

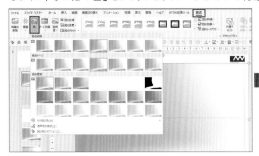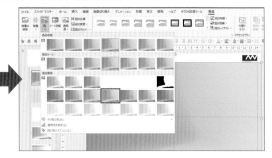

8 オブジェクトの色を変更する

❶メニュー「表示」→リボン「スライドマスター」でスライドマスター表示にして、オブジェクト（図形など）の色を変更
したいマスターを選択。
❷オブジェクトの色を変更し、前述の「背景色を変更する」の要領で、配置してある画像の色を変更する。

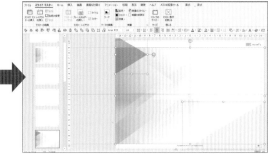

9 画像を挿入する

例）Template_01.pptxの場合

❶スライドマスターで「Titleレイアウト」を表示する。

❷メニューの「挿入」→リボンの「画像」をクリックし、
PCに保存してある画像を挿入する。

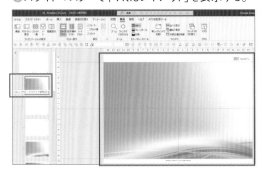

❸挿入した画像をクリック選択した状態で、メニュー「書式」→リボン「トリミング」をクリック。トリミングのハンドル（黒い線）をクリック&ドラッグで移動させ、ガイドに吸着するように画像の大きさと位置を調整する。

⑩ 本文スライドの背景に画像を入れる場合

本文スライド（Bodyレイアウト）の背景に画像を使用する場合は、背景画像が邪魔をしないよう、画像の上に「透明色の"カバー"」を乗せる。

❶スライドマスターの「Bodyレイアウト」を表示。あらかじめ背景画像が配置してある場合は、その画像をクリック選択&「BackSpace」キー（もしくは「Delete」キー）で削除する。

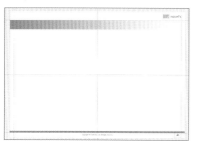

❷前述した「Titleレイアウト」で配置した画像をクリック選択し、「Ctrl+C」キーでコピー。「Bodyレイアウト」に戻り、「Ctrl+V」キーでペーストする。そのままメニュー「書式」→リボン「背面へ移動の文字部分をクリック→最背面へ移動」で、画像を最背面にする。

❸メニュー「挿入」→リボン「図形→正方形/長方形」を選び、画像の大きさに合わせてクリック&ドラッグで四角形を描く。

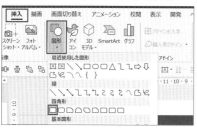

❹描いた四角形を、「塗りつぶし：白」「枠線：なし」に設定。続いて、四角形上で右クリックし、プルダウンメニューの「図形の書式設定」を選択。右側に図形の書式設定ウィンドウが表示されるので、図形の「塗りつぶし」を「20%」に設定する。

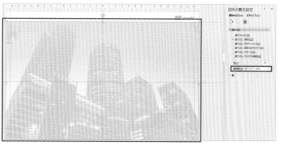

❺透過した図形をクリック選択し、メニュー「図形の書式」→リボン「背面へ移動→最背面へ移動」した後、「前面へ移動」で画像のひとつ前面に移動する。

スライドのカスタマイズ

本書収録のテンプレートは「表紙（Title）」「コンセプト（Concept）」「目次（Contents）」「扉（Section）」「本文（Body）」で構成されています。このうち、「扉」「本文」は繰り返し企画書の中で使われます。ですので、この「扉」「本文」は、すでに作成したものをコピペして、内容を書き換えてつくるのが効率的です。

1 スライドをコピペする方法

❶サムネイルエリアでコピーしたいスライドをクリック選択し、「Ctrl＋C」キーでコピー。

❷サムネイルエリアでペーストしたい場所をクリックし、「Ctrl＋V」キーでペーストする。

❸ペーストされたスライドの中身で不要な部分（使い回ししない部分）をポインタで囲って選択し、「Delete」もしくは「Back space」キーで削除する。

❹原稿を基に、新たなスライドを作成する。

画像の使用方法

1 画像の形状を変更する

❶基本テンプレートを立ち上げる（ここでは、例として「Template_02.pptx」）。

❷PCに保存された画像を挿入する。

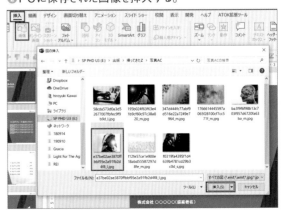

❸挿入した画像をクリック選択した状態で、メニュー「図の形式」→リボン「トリミング→図形に合わせてトリミング」で「台形」を選択する。

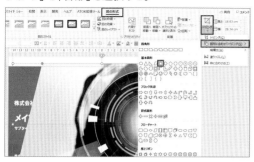

❹黄色いハンドルを操作して、背景の平行四辺形の角度に合うように調整。さらにリボンの「トリミング」を選択し、画像の位置や大きさを調整する。

❺画像をクリック選択した状態で、メニュー「図の形式」→リボン「背面へ移動→最背面へ移動」を選択し、画像をスライドの最背面に配置する。
この場合、画像の前面に配置されている図形が「透過」している必要があるので、図形の透過度を調整する。

2 図形の塗りつぶし色として画像を設定する

❶基本テンプレートを立ち上げる(ここでは、p.30の「画像の変更」を例として)。

❷置き換えたい画像を挿入する。

❸メニュー「図の形式」→リボン「トリミング」で、図形の天地左右に吸着するように置き換えたい画像をトリミングする。

❹トリミングした画像を「Ctrl+X」キーでカット。
❺画像を置き換える図を選択し、右クリック。プルダウンメニューから「図の書式設定」を選択する。

❻「図の書式設定」→「塗りつぶし」で、「塗りつぶし(図またはテクスチャ)」を選択。「クリップボード」をクリック選択して画像を置き換える。画像の「透明度」を適当に調整する。

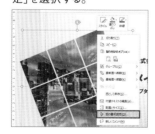

画像・イラスト・ピクトグラム要素の入手方法

本書で使用している画像・イラスト・ピクトグラム等は、下記サービスを利用したものです。
素材は各サービスの利用規約を読み、ダウンロードしたうえで、正しくご使用ください。

━ PAKUTASO(ぱくたそ)
https://www.pakutaso.com/

━ 足成(あしなり)
http://www.ashinari.com/

━ 写真AC
https://www.photo-ac.com/

━ ヒューマンピクトグラム2.0
http://pictogram2.com/

━ シルエットデザイン
http://kage-design.com/wp/

スライド・企画書の印刷方法

スライドや企画書はただ見せるだけでなく、
印刷した文書として魅力的に提供することが基本です。
ここでは、よりよく印刷する手順を解説していきます。

カラー印刷の設定

本書のテンプレートは、**A4横型のサイズ（幅29.7㎝×高さ21.0㎝）**にしてあります。
これによって、プリントアウトされた状態がよりキレイに見えるようになります。
下記の印刷様式に設定し、プレビュー画面を確認した後、プリントアウトを実行してください。

手順は以下のとおりです。

❶メニューの「ファイル」をクリックする。
❷左側のメニューにある「印刷」をクリックする。
❸「フルページサイズのスライド」をクリックし、「用紙に合わせて拡大／縮小」のチェックをオフにし、「高品質」のチェックをオンにする。
❹印刷状態のプレビュー画面で、右上のロゴや下部のノンブル、コピーライト表記が切れていないかをチェック。切れている場合は、❸の手順にある「用紙に合わせて拡大／縮小」のチェックをオンにする。

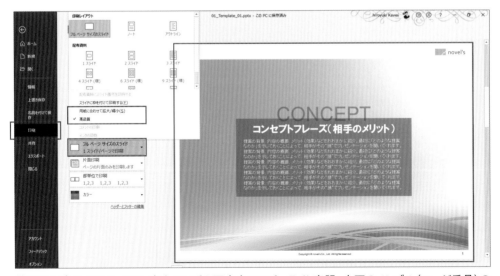

使用するプリンタによっては、右上のロゴや下中央のコピーライト表記、右下のノンブル（ページ番号）の一部が欠けてしまうことがあります。その場合、印刷設定で「用紙に合わせて拡大／縮小」にチェックを入れるか、元ファイルのスライドマスターでロゴやコピーライト表記、ノンブルの位置を調整してください。

グレースケール印刷の設定

カラーではなくグレースケールで印刷する場合、
すべてのページで「グレースケール」の最適化を行う必要があります。
手順は以下のとおりです。

❶メニューの「表示」をクリックし、リボンの「スライドマスター」を選択する。

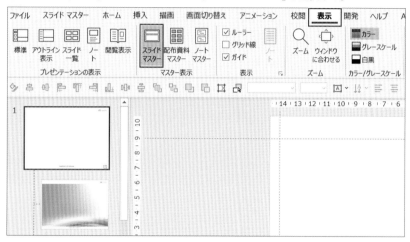

❷スライドマスター表示で、再びメニューの「表示」を
クリックし、リボンの「グレースケール」をクリックする。
❸ 各 スライドマスターに 配 置 したオブジェクトを
「Ctrl+A」キーで選択。リボンの「グレースケール」を
クリック。これを全スライドマスターで行う。

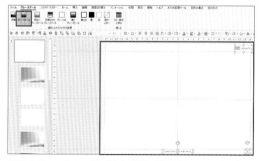

❹メニューの「スライドマスター」をクリックし、「マスター
表示を閉じる」をクリックする。
❺スライド表示に戻り、上記と同様の操作で、各スライ
ドに配置したオブジェクトを選択して「グレースケール」
に設定する。

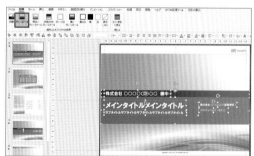

※補足：PowerPointで作成した「グラフ」「表」「SmartArt」はグレー
スケール化できません。全オブジェクトを選択した後、「Ctrl」キーを押し
たまま「グラフ」「表」「SmartArt」をクリックして選択解除してから、グレー
スケール化を行ってください。

フォーマル＆
カジュアルな
デザイン

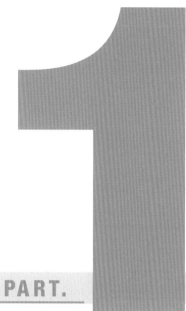

PART.

1

CASUAL

POWERPOINT TEMPLATE

TEMPLATE

01

STANDARD

| 適したプレゼン資料 | 営業提案・会社案内・社内資料・
新規事業提案・イベント企画など |

Part1 » 01 » Template_01.pptx

表紙

目次

扉

本文

カスタマイズサンプル

色の変更

Part1 » 01 » Sample_01.pptx

表紙　　コンセプト　　目次　　扉　　本文

画像の変更

表紙　　コンセプト　　目次　　扉　　本文

テンプレート適用例

表紙

コンセプト

目次

扉

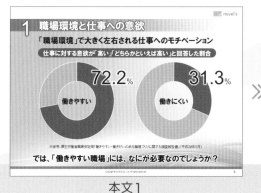

本文1

本文2

TEMPLATE

02

SLANTING BAR

適したプレゼン資料　営業提案・新規事業提案・イベント企画など

Part1 » 02 » Template_02.pptx

表紙

コンセプト

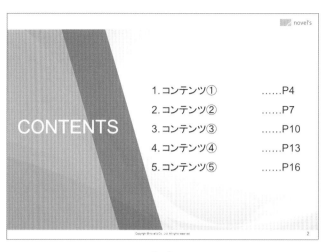

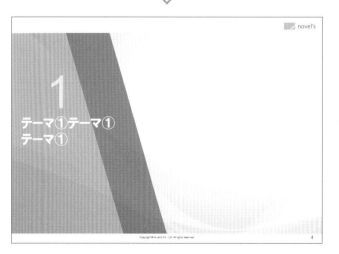

目次

扉

本文

カスタマイズサンプル

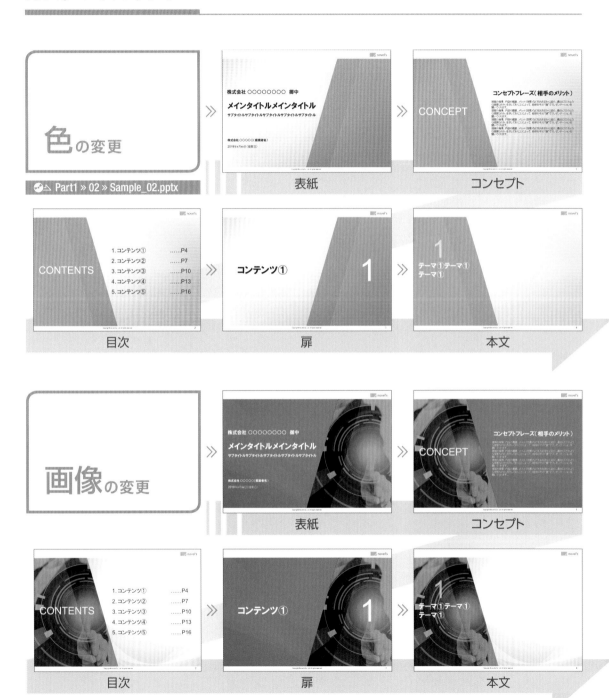

テンプレート適用例

表紙

コンセプト

目次

扉

本文1

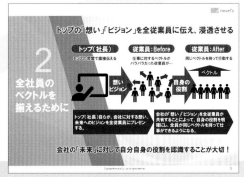

本文2

LIGHTING

| 適したプレゼン資料 | 営業提案・会社案内・新規事業提案・イベント企画など |

Part1 » 03 » Template_03.pptx

表紙

コンセプト

目次

扉

本文

PART 1　フォーマル＆カジュアルなデザイン

カスタマイズサンプル

テンプレート適用例

表紙

コンセプト

目次

扉

本文1

本文2

TEMPLATE 04

MODE

| 適したプレゼン資料 | ファッション／ベンチャー系提案・イベント企画など |

◎△ Part1 » 04 » Template_04.pptx

表紙

コンセプト

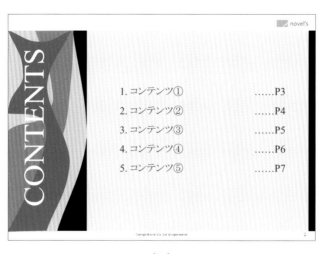

目次

扉

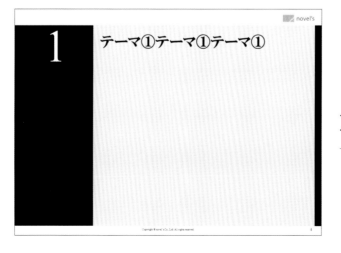

本文

カスタマイズサンプル

テンプレート適用例

表紙

コンセプト

目次

扉

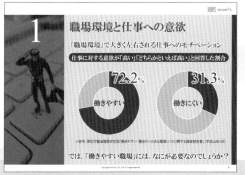

本文1

本文2

TEMPLATE

05

HALF

| 適したプレゼン資料 | 営業提案・会社案内・社内資料・
新規事業提案・イベント企画など |

Part1 » 05 » Template_05.pptx

表紙

コンセプト

目次

扉

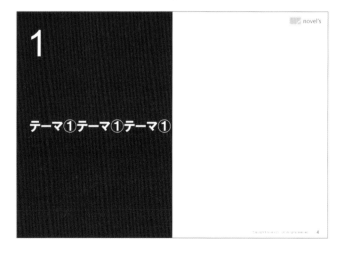

本文

カスタマイズサンプル

テンプレート適用例

表紙

コンセプト

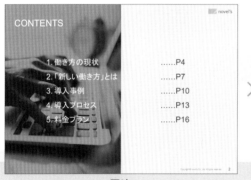

目次

扉

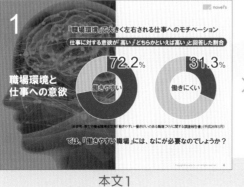

本文1

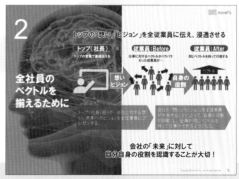

本文2

PART 1　フォーマル＆カジュアルなデザイン

TEMPLATE

06

HALF 2

| 適したプレゼン資料 | やや高級なデザイン提案（営業提案、会社案内、記念事業提案、イベント企画など） |

◉△ Part1 » 06 » Template_06.pptx

表紙

コンセプト

目次 _____

扉 _____

本文 _____

PART
1
フォーマル＆カジュアルなデザイン

カスタマイズサンプル

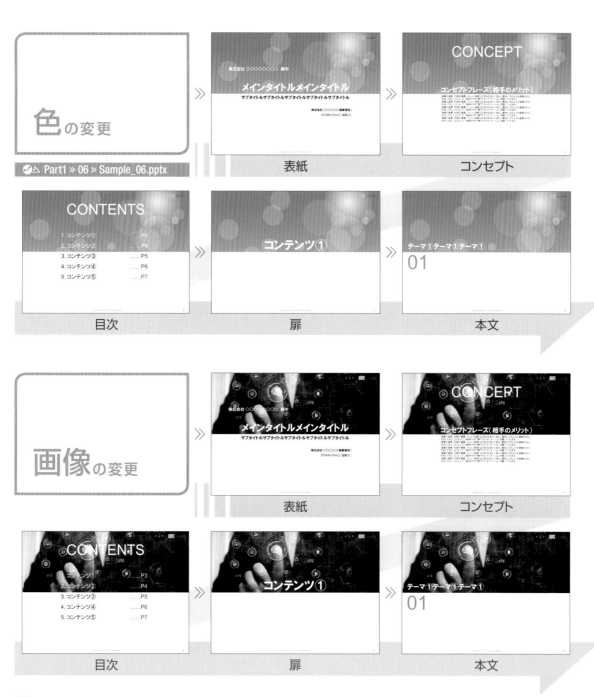

テンプレート適用例

表紙

コンセプト

目次

扉

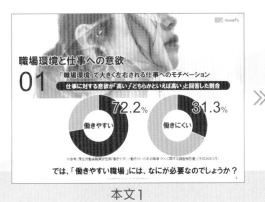

本文1

本文2

P
A
R
T
1
フォーマル＆カジュアルなデザイン

Part1 » 07 » Template_07.pptx

TEMPLATE

07

SPOT LIGHT

適したプレゼン資料 | 営業提案・会社案内・新規事業提案・イベント企画など

表紙

コンセプト

目次

扉

本文

PART 1　フォーマル＆カジュアルなデザイン

カスタマイズサンプル

テンプレート適用例

表紙

コンセプト

目次

扉

本文1

本文2

PART 1　フォーマル＆カジュアルなデザイン

INCLINE

適したプレゼン資料	スタイリッシュ系提案（営業提案、会社案内、新規事業提案、イベント企画など）

Part1 » 08 » Template_08.pptx

表紙

コンセプト

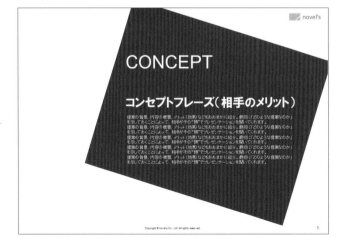

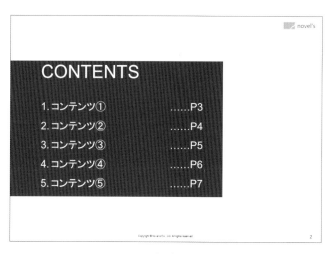

目次

扉

P
A
R
T
1
フォーマル＆カジュアルなデザイン

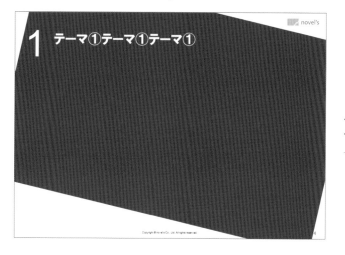

本文

カスタマイズサンプル

色の変更

Part1 » 08 » Sample_08.pptx

表紙　コンセプト　目次　扉　本文

画像の変更

表紙　コンセプト　目次　扉　本文

テンプレート適用例

表紙

コンセプト

扉

（CONTENTS目次）

目次

本文1

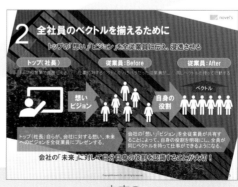

本文2

TEMPLATE

SOLID

適したプレゼン資料 | スタイリッシュ系提案（営業提案、会社案内、社内資料、新規事業提案、イベント企画など）

Part1 » 09 » Template_09.pptx

表紙

コンセプト

目次

扉

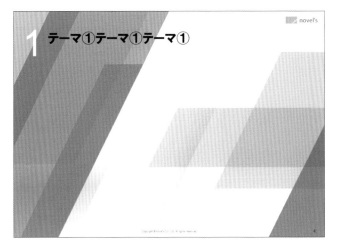

本文

P
A
R
T
1　フォーマル＆カジュアルなデザイン

カスタマイズサンプル

テンプレート適用例

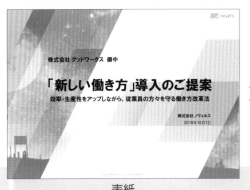

表紙

コンセプト

目次

扉

本文1

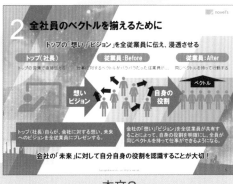

本文2

TEMPLATE
10

FLAME

| 適したプレゼン資料 | シンプルなデザイン提案（営業提案、会社案内、社内資料、新規事業提案、イベント企画など） |

Part1 » 10 » Template_10.pptx

表紙

コンセプト

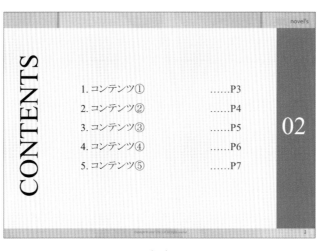

目次

02

扉

03

本文

04

PART 1　フォーマル＆カジュアルなデザイン

カスタマイズサンプル

テンプレート適用例

表紙　　　　　　　　　　　　　コンセプト

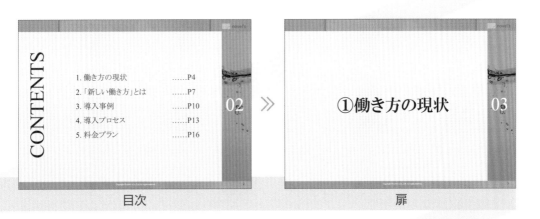

目次　　　　　　　　　　　　　扉

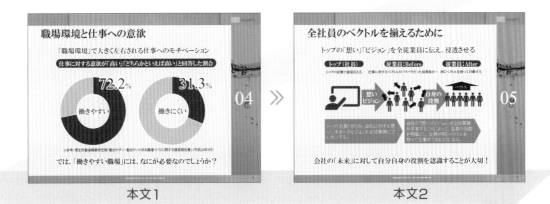

本文1　　　　　　　　　　　　本文2

SOFTLY

| 適したプレゼン資料 | やわらかめの提案（営業提案、会社案内、新規事業提案、イベント企画など）・女性向け各種提案 |

Part1 » 11 » Template_11.pptx

表紙

コンセプト

novel's

CONTENTS

2

目次

novel's

01
コンテンツ①

3

扉

PART 1　フォーマル＆カジュアルなデザイン

novel's

01　テーマ①テーマ①テーマ①

4

本文

カスタマイズサンプル

テンプレート適用例

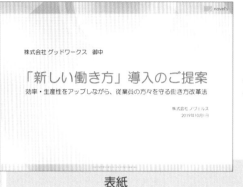

表紙

コンセプト

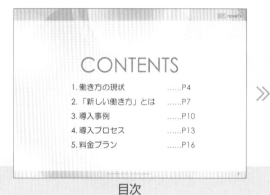

目次

扉

本文1

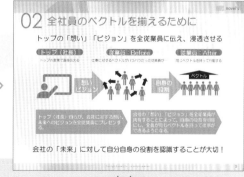

本文2

PART 1　フォーマル＆カジュアルなデザイン

TEMPLATE 12

JAPANESE

適したプレゼン資料　和風の企画提案（営業提案、新規事業提案・イベント企画など）

Part1 » 12 » Template_12.pptx

表紙

コンセプト

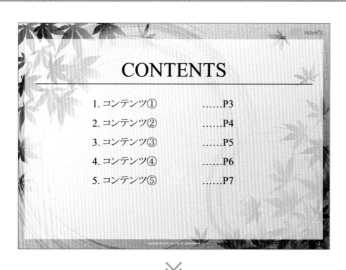

目次

扉

PART 1　フォーマル＆カジュアルなデザイン

本文

カスタマイズサンプル

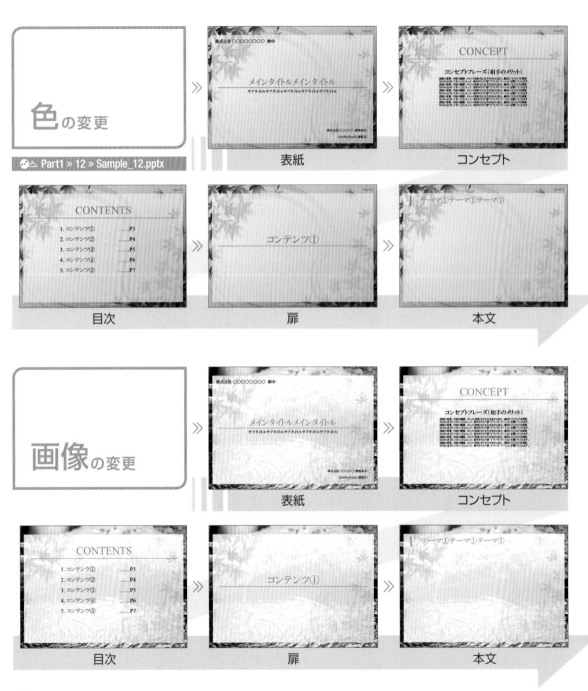

テンプレート適用例

表紙

コンセプト

目次

扉

本文1

本文2

TEMPLATE

13

ECOLOGY

| 適したプレゼン資料 | 環境系の提案（製品、サービス、事業、イベントなど） |

Part1 » 13 » Template_13.pptx

表紙

コンセプト

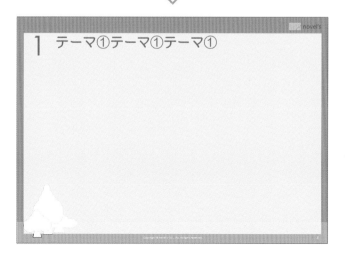

目次

扉

本文

PART 1　フォーマル＆カジュアルなデザイン

カスタマイズサンプル

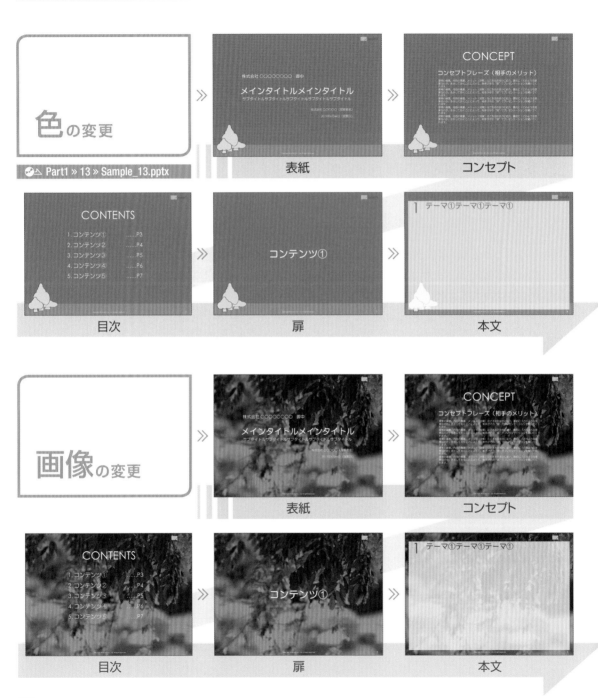

テンプレート適用例

表紙

コンセプト

目次

扉

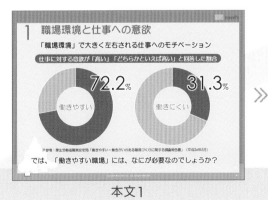

本文1

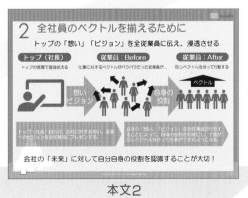

本文2

PART **1** フォーマル＆カジュアルなデザイン

オブジェクトを元にしたデザイン

PART. 2

POWERPOINT TEMPLATE

TEMPLATE

14

FACE（Man）

| 適したプレゼン資料 | 男性向け各種提案・婚活系資料など |

Part2 » 14 » Template_14.pptx

表紙

コンセプト

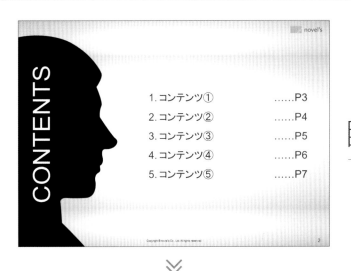

目次

扉

本文

カスタマイズサンプル

テンプレート適用例

表紙

コンセプト

目次

扉

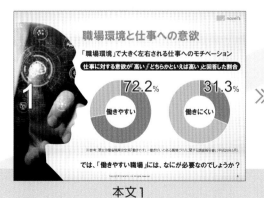
本文1

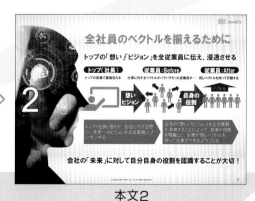
本文2

PART 2　オブジェクトを元にしたデザイン

TEMPLATE

15

FACE（Woman）

| 適したプレゼン資料 | 女性向け各種提案・婚活系資料など |

Part2 » 15 » Template_15.pptx

表紙

コンセプト

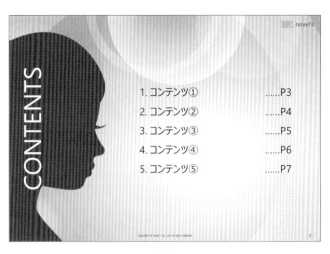

目次

扉

本文

P
A
R
T
2　オブジェクトを元にしたデザイン

カスタマイズサンプル

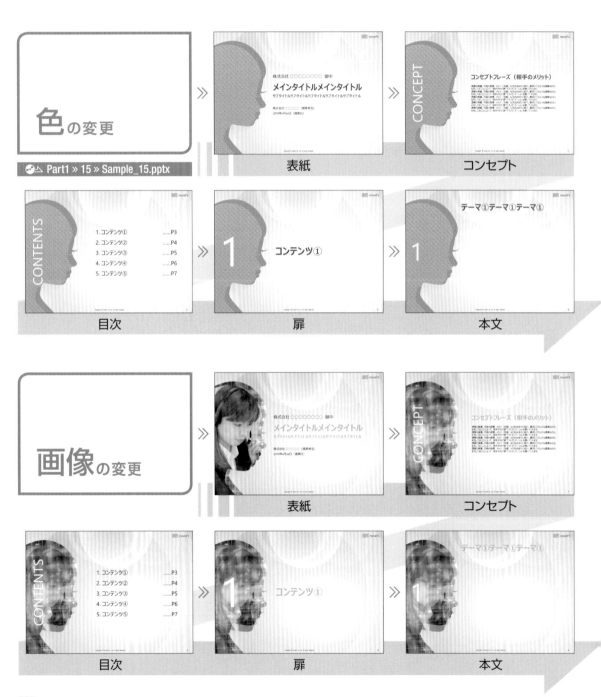

テンプレート適用例

表紙

コンセプト

目次

扉

本文1

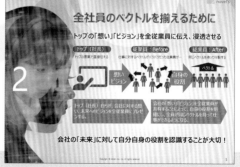

本文2

TEMPLATE

PC

| 適したプレゼン資料 | システム提案・営業提案・会社案内・社内資料・新規事業提案・イベント企画など |

◎ Part2 » 16 » Template_16.pptx

表紙

コンセプト

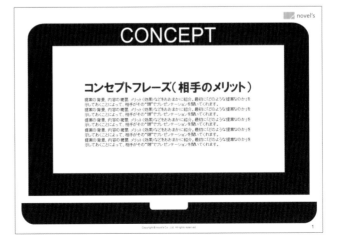

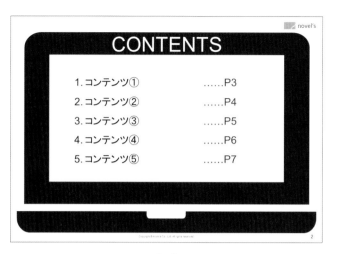

目次

扉

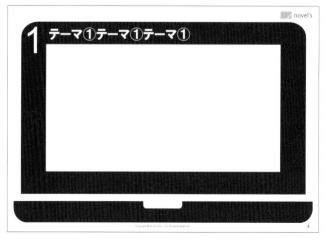

本文

カスタマイズサンプル

テンプレート適用例

表紙

コンセプト

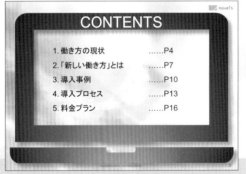

目次

扉

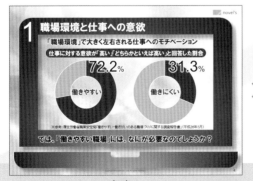

本文1

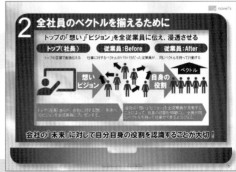

本文2

TEMPLATE

17

NUMBER

| 適したプレゼン資料 | シンプルなデザイン提案（営業提案、会社案内、社内資料、新規事業提案、イベント企画など） |

Part2 » 17 » Template_17.pptx

表紙

00

novel's

株式会社○○○○○○○○ 御中

メインタイトルメインタイトル
サブタイトルサブタイトルサブタイトルサブタイトルサブタイトル

株式会社○○○○○（提案者名）
2019年x月xx日（提案日）

コンセプト

CONCEPT

01

novel's

コンセプトフレーズ（相手のメリット）

提案の背景、内容の概要、メリット（効果）などをおおまかに紹介。最初に「どのような提案なのか」を示しておくことによって、相手がその"後"でプレゼンテーションを聞いてくれます。
提案の背景、内容の概要、メリット（効果）などをおおまかに紹介。最初に「どのような提案なのか」を示しておくことによって、相手がその"後"でプレゼンテーションを聞いてくれます。
提案の背景、内容の概要、メリット（効果）などをおおまかに紹介。最初に「どのような提案なのか」を示しておくことによって、相手がその"後"でプレゼンテーションを聞いてくれます。
提案の背景、内容の概要、メリット（効果）などをおおまかに紹介。最初に「どのような提案なのか」を示しておくことによって、相手がその"後"でプレゼンテーションを聞いてくれます。
提案の背景、内容の概要、メリット（効果）などをおおまかに紹介。最初に「どのような提案なのか」を示しておくことによって、相手がその"後"でプレゼンテーションを聞いてくれます。

1

novel's

CONTENTS

02

1. コンテンツ①　　　　……P3
2. コンテンツ②　　　　……P4
3. コンテンツ③　　　　……P5
4. コンテンツ④　　　　……P6
5. コンテンツ⑤　　　　……P7

目次

novel's

03　　①コンテンツ

扉

novel's

テーマ①テーマ①テーマ①

04

本文

PART 2　オブジェクトを元にしたデザイン

カスタマイズサンプル

テンプレート適用例

表紙

コンセプト

目次

扉

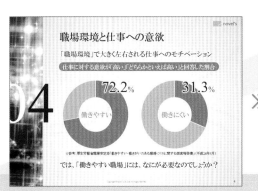

本文1

全社員のベクトルを揃えるために

本文2

PART 2　オブジェクトを元にしたデザイン

18

BUBBLE

| 適したプレゼン資料 | やわらかめの提案（営業提案、会社案内、新規事業提案、イベント企画など） |

Part2 » 18 » Template_18.pptx

表紙

コンセプト

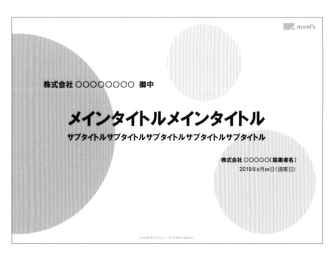

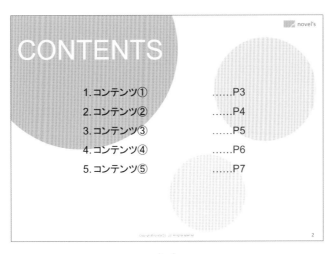

目次

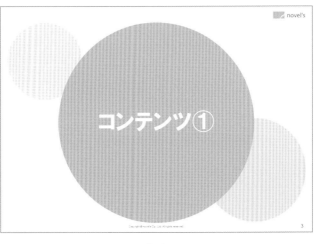

扉

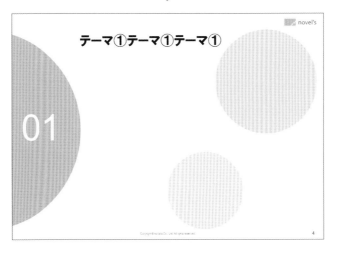

本文

PART 2　オブジェクトを元にしたデザイン

カスタマイズサンプル

テンプレート適用例

表紙

コンセプト

目次

扉

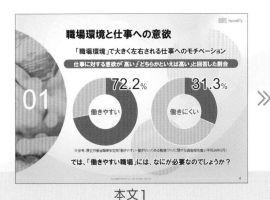

本文1

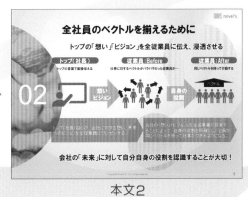

本文2

TEMPLATE

19 ORNAMENT

適したプレゼン資料　やや高級なデザイン提案（営業提案、会社案内、記念事業提案、イベント企画など）

Part2 » 19 » Template_19.pptx

表紙

novel's
株式会社〇〇〇〇〇〇〇〇〇 御中
メインタイトルメインタイトル
サブタイトルサブタイトルサブタイトルサブタイトルサブタイトル
株式会社〇〇〇〇〇（提案者名）
2019年x月xx日（提案日）

コンセプト

novel's
CONCEPT
コンセプトフレーズ（相手のメリット）
提案の背景、内容の概要、メリット（効果）などをおおまかに紹介。最初に「どのような提案なのか」を示しておくことによって、相手がその"頭"でプレゼンテーションを聞いてくれます。
提案の背景、内容の概要、メリット（効果）などをおおまかに紹介。最初に「どのような提案なのか」を示しておくことによって、相手がその"頭"でプレゼンテーションを聞いてくれます。
提案の背景、内容の概要、メリット（効果）などをおおまかに紹介。最初に「どのような提案なのか」を示しておくことによって、相手がその"頭"でプレゼンテーションを聞いてくれます。
提案の背景、内容の概要、メリット（効果）などをおおまかに紹介。最初に「どのような提案なのか」を示しておくことによって、相手がその"頭"でプレゼンテーションを聞いてくれます。
提案の背景、内容の概要、メリット（効果）などをおおまかに紹介。最初に「どのような提案なのか」を示しておくことによって、相手がその"頭"でプレゼンテーションを聞いてくれます。
1

novel's

CONTENTS

2

目次 _____

novel's

コンテンツ①

3

扉 _____

novel's

01　テーマ①テーマ①テーマ①

4

本文 _____

カスタマイズサンプル

テンプレート適用例

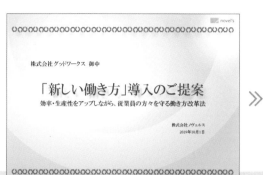

表紙　　　　　　コンセプト

目次　　　　　　扉

本文1　　　　　　本文2

Part2 » 20 » Template_20.pptx

TEMPLATE 20

MANGA

| 適したプレゼン資料 | ポップな提案・プレゼンイベント用資料・ライトニングトーク資料など |

表紙

コンセプト

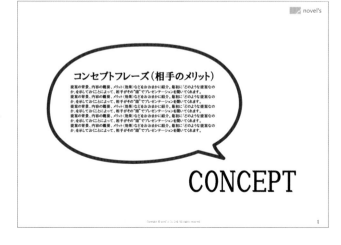

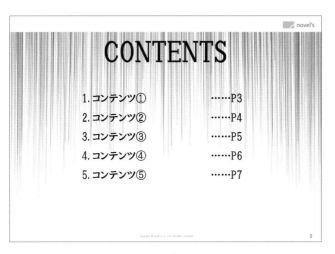

目次 ———

扉 ———

本文 ———

カスタマイズサンプル

テンプレート適用例

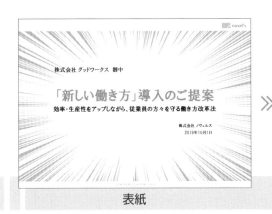

表紙　　　　コンセプト

目次　　　　扉

本文1　　　　本文2

TEMPLATE

CITY

| 適したプレゼン資料 | 建設／都市開発用提案・会社案内・
新規事業提案・イベント企画など |

Part2 » 21 » Template_21.pptx

表紙

コンセプト

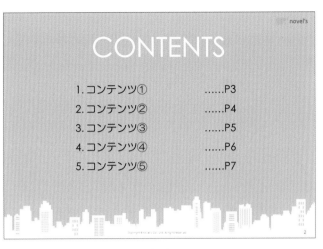

目次

扉

本文

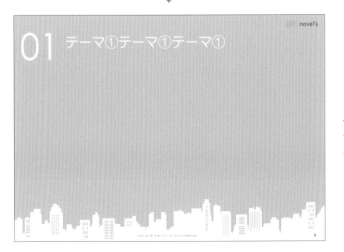

P
A
R
T
2
オブジェクトを元にしたデザイン

カスタマイズサンプル

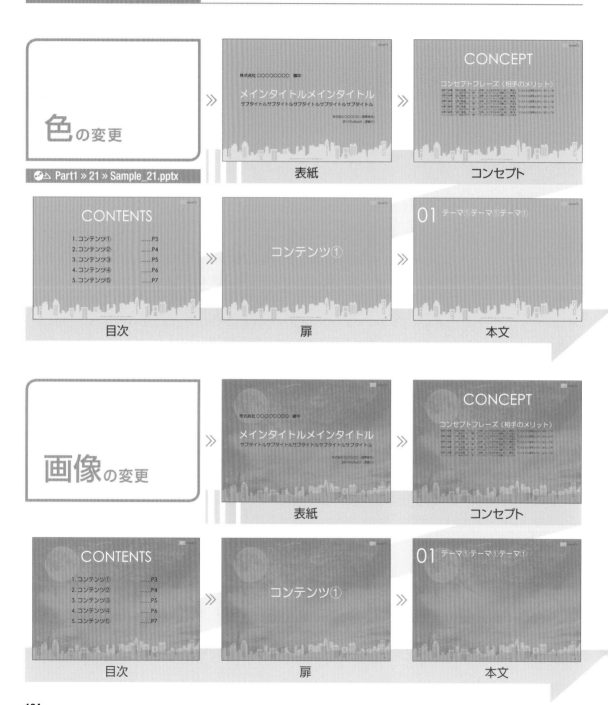

テンプレート適用例

表紙

コンセプト

目次

扉

本文1

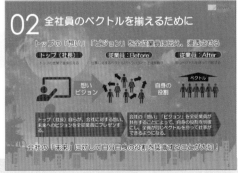

本文2

TEMPLATE
22

WOODY

適したプレゼン資料 | 環境・住宅系提案（営業提案、事業提案、イベント企画など）

Part2 » 22 » Template_22.pptx

表紙

コンセプト

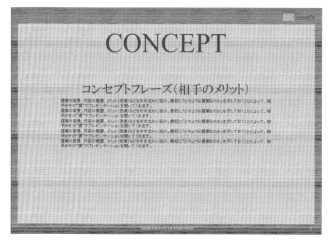

CONTENTS

目次

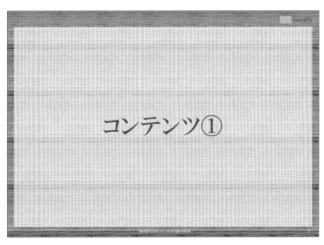

コンテンツ①

扉

01 テーマ①テーマ①テーマ①

本文

PART **2** オブジェクトを元にしたデザイン

カスタマイズサンプル

色の変更

Part1 » 22 » Sample_22.pptx

表紙　　コンセプト　　目次　　扉　　本文

画像の変更

表紙　　コンセプト　　目次　　扉　　本文

テンプレート適用例

表紙

コンセプト

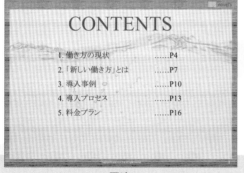

目次

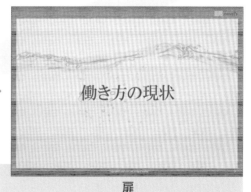

扉

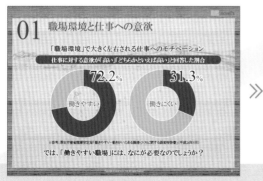

本文1

本文2

TEMPLATE

FOREST

| 適したプレゼン資料 | 環境系の提案（製品、サービス、事業、イベントなど） |

Part2 » 23 » Template_23.pptx

表紙

> novel's
>
> 株式会社 ○○○○○○○○　御中
>
> ## メインタイトルメインタイトル
>
> サブタイトルサブタイトルサブタイトルサブタイトルサブタイトル
>
> 株式会社 ○○○○○（提案者名）
> 2019年x月xx日（提案日）

コンセプト

> novel's
>
> ## CONCEPT
>
> ### コンセプトフレーズ（相手のメリット）
>
> 提案の背景、内容の概要、メリット（効果）などをおおまかに紹介。最初に「どのような提案なのか」を示しておくことによって、相手がその"師"でプレゼンテーションを聞いてくれます。
> 提案の背景、内容の概要、メリット（効果）などをおおまかに紹介。最初に「どのような提案なのか」を示しておくことによって、相手がその"師"でプレゼンテーションを聞いてくれます。
> 提案の背景、内容の概要、メリット（効果）などをおおまかに紹介。最初に「どのような提案なのか」を示しておくことによって、相手がその"師"でプレゼンテーションを聞いてくれます。
> 提案の背景、内容の概要、メリット（効果）などをおおまかに紹介。最初に「どのような提案なのか」を示しておくことによって、相手がその"師"でプレゼンテーションを聞いてくれます。
>
> 1

CONTENTS

novel's

1. コンテンツ①　　　　......P3
2. コンテンツ②　　　　......P4
3. コンテンツ③　　　　......P5
4. コンテンツ④　　　　......P6
5. コンテンツ⑤　　　　......P7

目次

2

novel's

コンテンツ①

扉

3

PART **2** オブジェクトを元にしたデザイン

novel's

01 テーマ①テーマ①テーマ①

本文

4

カスタマイズサンプル

色の変更

Part1 » 23 » Sample_23.pptx

表紙

コンセプト

目次

扉

本文

画像の変更

表紙

コンセプト

目次

扉

本文

テンプレート適用例

表紙

コンセプト

目次

扉

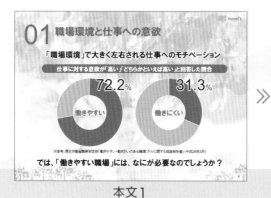

本文1

本文2

PART 2　オブジェクトを元にしたデザイン

TEMPLATE

24

STAGE

適したプレゼン資料 | 営業提案・会社案内・新規事業提案・イベント企画など

Part2 » 24 » Template_24.pptx

表紙

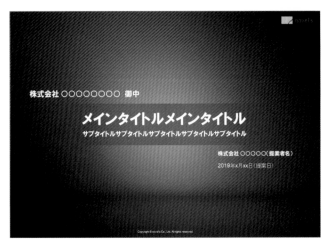

コンセプト

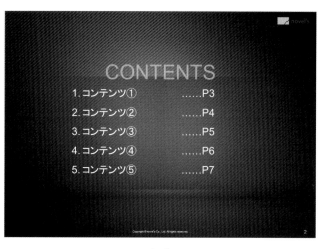

目次

扉

P A R T 2　オブジェクトを元にしたデザイン

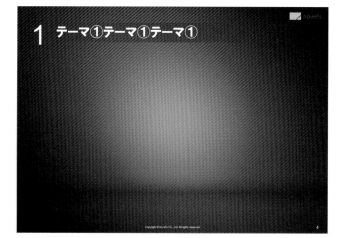

本文

カスタマイズサンプル

色の変更

Part1 » 24 » Sample_24.pptx

表紙　　コンセプト

目次　　扉　　本文

画像の変更

表紙　　コンセプト

目次　　扉　　本文

テンプレート適用例

表紙

コンセプト

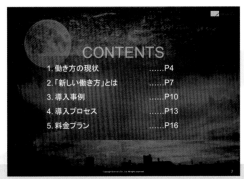

目次

扉

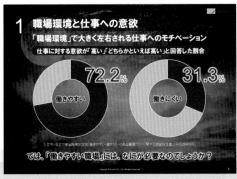

本文1

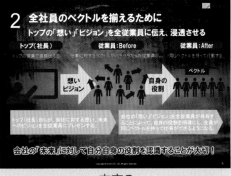

本文2

TEMPLATE

25

PHOTO

| 適したプレゼン資料 | ややポップなデザイン提案（営業提案、会社案内、新規事業提案、イベント企画など） |

Part2 » 25 » Template_25.pptx

表紙

コンセプト

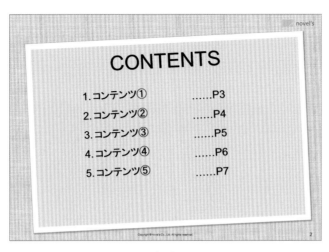

目次

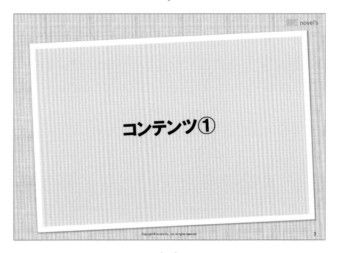

扉

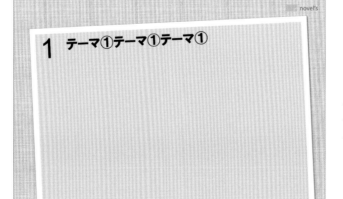

本文

カスタマイズサンプル

テンプレート適用例

表紙

コンセプト

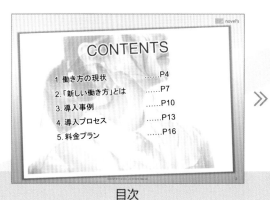

目次

扉

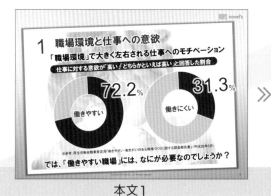

本文1

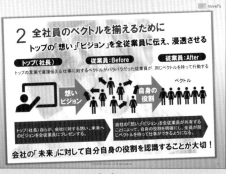

本文2

HORIZON

| 適したプレゼン資料 | 営業提案・会社案内・社内資料・新規事業提案・イベント企画など |

Part2 » 26 » Template_26.pptx

表紙

コンセプト

目次 ———

扉 ———

本文 ———

カスタマイズサンプル

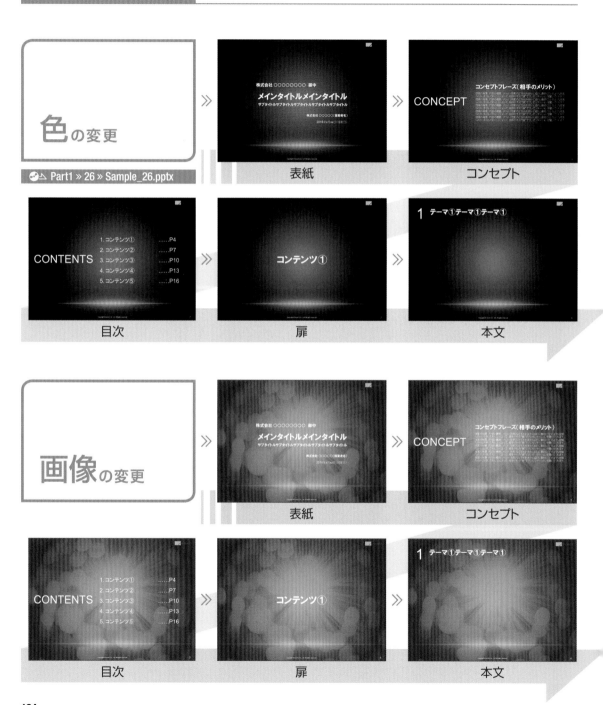

テンプレート適用例

表紙　　　　　　　　　　コンセプト

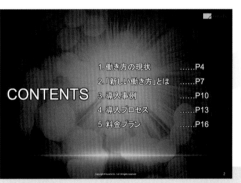

目次　　　　　　　　　　扉

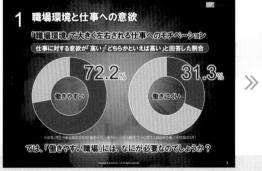

本文1　　　　　　　　　本文2

PART 2　オブジェクトを元にしたデザイン

形状と色を
元にしたデザイン

PART. 3

POWERPOINT TEMPLATE

TEMPLATE 27

TRIANGLE

| 適したプレゼン資料 | スタイリッシュ系提案（営業提案、会社案内、新規事業提案、イベント企画など） |

Part3 » 27 » Template_27.pptx

表紙

コンセプト

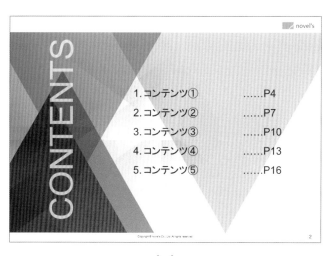

目次

扉

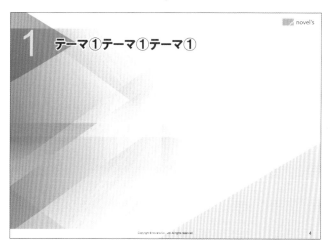

本文

PART 3　形状と色を元にしたデザイン

カスタマイズサンプル

色の変更

Part1 » 27 » Sample_27.pptx

表紙　コンセプト

目次　扉　本文

画像の変更

表紙　コンセプト

目次　扉　本文

テンプレート適用例

表紙

コンセプト

目次

扉

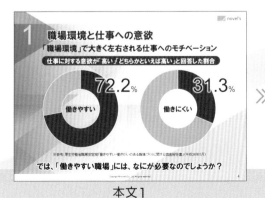

本文1

本文2

CIRCLE

| 適したプレゼン資料 | 営業提案・会社案内・新規事業提案・イベント企画など |

Part3 » 28 » Template_28.pptx

表紙

コンセプト

目次

扉

本文

PART
3
形状と色を元にしたデザイン

カスタマイズサンプル

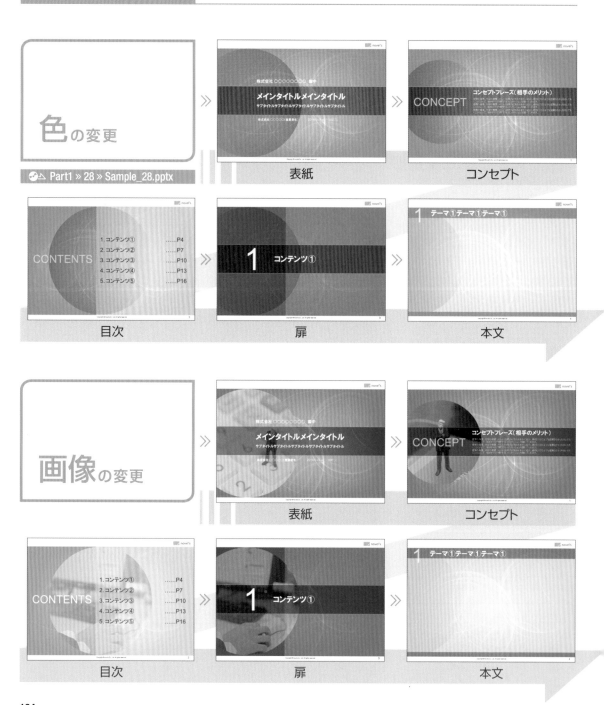

色の変更

Part1 » 28 » Sample_28.pptx

表紙　　コンセプト

目次　　扉　　本文

画像の変更

表紙　　コンセプト

目次　　扉　　本文

テンプレート適用例

表紙

コンセプト

目次

扉

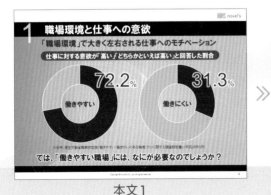

本文1

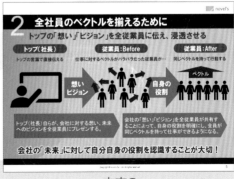

本文2

PARALLELOGRAM

TEMPLATE 29

適したプレゼン資料 | スタイリッシュ系提案（営業提案、会社案内、新規事業提案・イベント企画など）

Part3 » 29 » Template_29.pptx

表紙

コンセプト

目次

扉

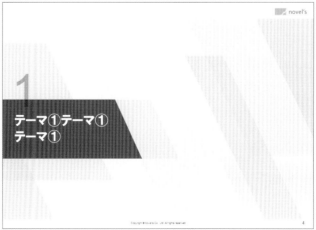

本文

カスタマイズサンプル

テンプレート適用例

表紙

コンセプト

目次

扉

本文1

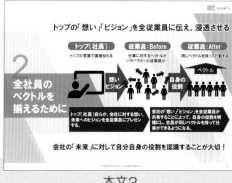

本文2

TEMPLATE

30

BLOCK

| 適したプレゼン資料 | 営業提案・会社案内・新規事業提案・イベント企画など |

Part3 » 30 » Template_30.pptx

表紙

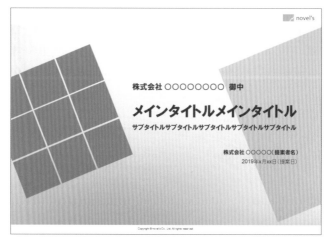

コンセプト

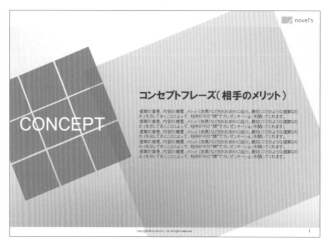

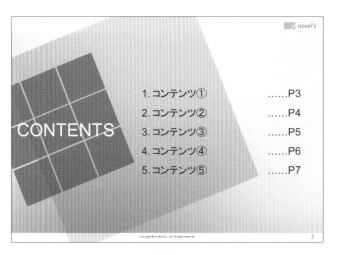

目次
_____

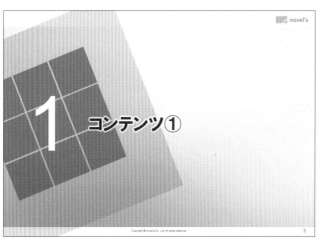

扉
_____

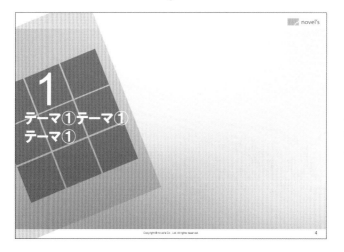

本文
_____

カスタマイズサンプル

テンプレート適用例

表紙

コンセプト

目次

扉

本文1

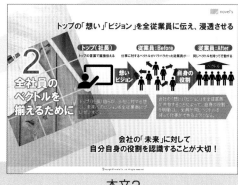

本文2

TEMPLATE

SQUARE

| 適したプレゼン資料 | 営業提案・会社案内・社内資料・
新規事業提案・イベント企画など |

Part3 » 31 » Template_31.pptx

表紙

コンセプト

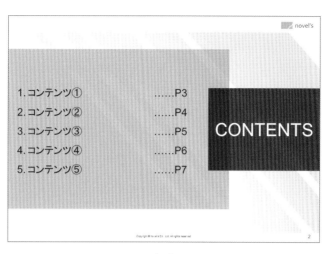

目次 ———

扉 ———

本文 ———

カスタマイズサンプル

テンプレート適用例

表紙

コンセプト

目次

扉

本文1

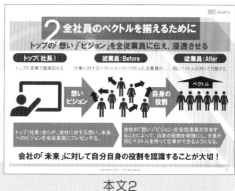

本文2

147

TEMPLATE
32

LINE

| 適したプレゼン資料 | スタイリッシュ系提案（営業提案、会社案内、新規事業提案、イベント企画など） |

Part3 » 32 » Template_32.pptx

表紙

コンセプト

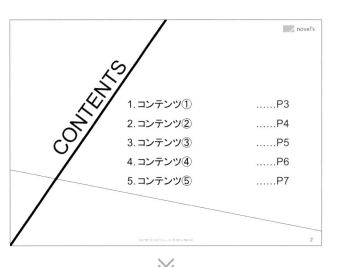

目次

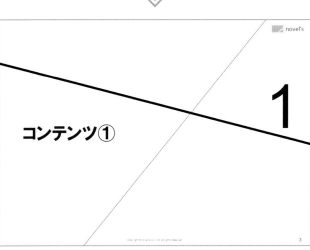

扉

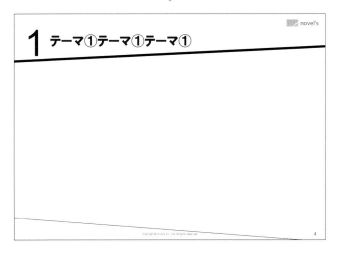

本文

カスタマイズサンプル

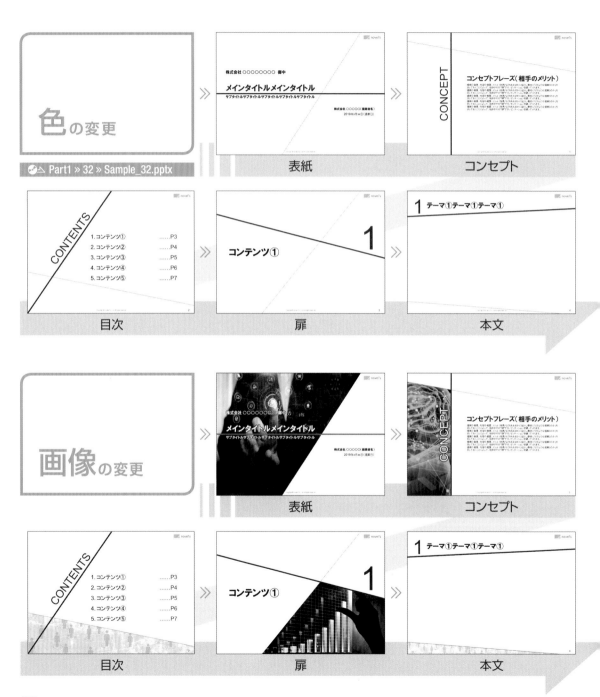

テンプレート適用例

表紙

コンセプト

目次

扉

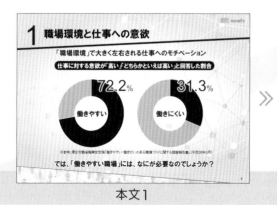

本文1

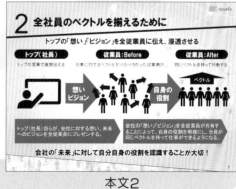

本文2

TEMPLATE 33

DOT

| 適したプレゼン資料 | ややポップな提案（製品、サービス、新規事業、イベントなど） |

Part3 » 33 » Template_33.pptx

表紙

コンセプト

目次

扉

本文

P A R T 3 形状と色を元にしたデザイン

カスタマイズサンプル

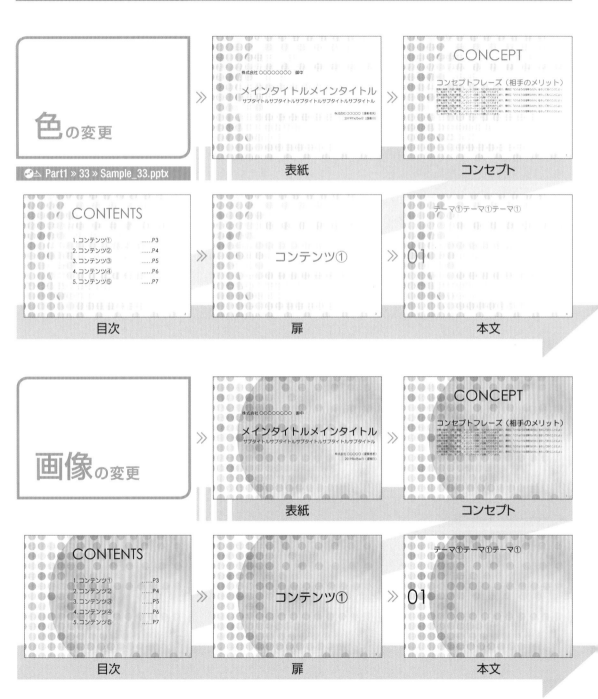

色の変更

Part1 » 33 » Sample_33.pptx

表紙	コンセプト	
目次	扉	本文

画像の変更

表紙	コンセプト	
目次	扉	本文

テンプレート適用例

表紙　　　　　　　　　　　　コンセプト

目次　　　　　　　　　　　　扉

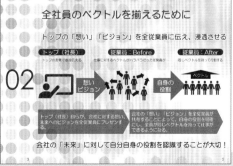

本文1　　　　　　　　　　　本文2

Part3 » 34 » Template_34.pptx

TEMPLATE 34

GRID

適したプレゼン資料　色／画像を活用したデザイン提案（営業提案、会社案内、新規事業提案、イベント企画など）

novel's

株式会社 ○○○○○○○○　御中

メインタイトルメインタイトル
サブタイトルサブタイトルサブタイトルサブタイトルサブタイトル

株式会社 ○○○○○（提案者名）
2019年x月xx日（提案日）

表紙

novel's

CONCEPT
コンセプトフレーズ（相手のメリット）

提案の背景、内容の概要、メリット（効果）などをおおまかに紹介。最初に「どのような提案なのか」を示しておくことによって、相手がその"頭"でプレゼンテーションを聞いてくれます。提案の背景、内容の概要、メリット（効果）などをおおまかに紹介。最初に「どのような提案なのか」を示しておくことによって、相手がその"頭"でプレゼンテーションを聞いてくれます。提案の背景、内容の概要、メリット（効果）などをおおまかに紹介。最初に「どのような提案なのか」を示しておくことによって、相手がその"頭"でプレゼンテーションを聞いてくれます。提案の背景、内容の概要、メリット（効果）などをおおまかに紹介。最初に「どのような提案なのか」を示しておくことによって、相手がその"頭"でプレゼンテーションを聞いてくれます。提案の背景、内容の概要、メリット（効果）などをおおまかに紹介。最初に「どのような提案なのか」を示しておくことによって、相手がその"頭"でプレゼンテーションを聞いてくれます。

コンセプト

1

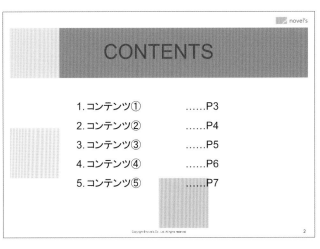

目次 ——————

扉 ——————

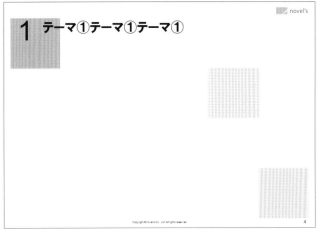

本文 ——————

PART **3**　形状と色を元にしたデザイン

カスタマイズサンプル

テンプレート適用例

表紙

コンセプト

目次

扉

本文1

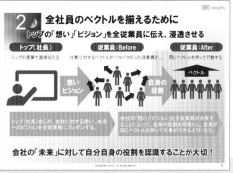

本文2

TEMPLATE

RED

| 適したプレゼン資料 | スタイリッシュ系提案（営業提案、会社案内、
新規事業提案、イベント企画など） |

Part3 » 35 » Template_35.pptx

表紙

コンセプト

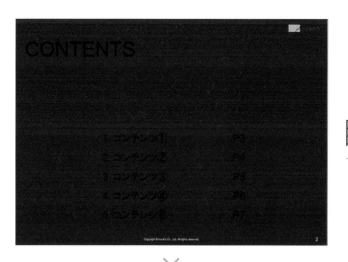

目次

扉

本文

PART
3

形状と色を元にしたデザイン

カスタマイズサンプル

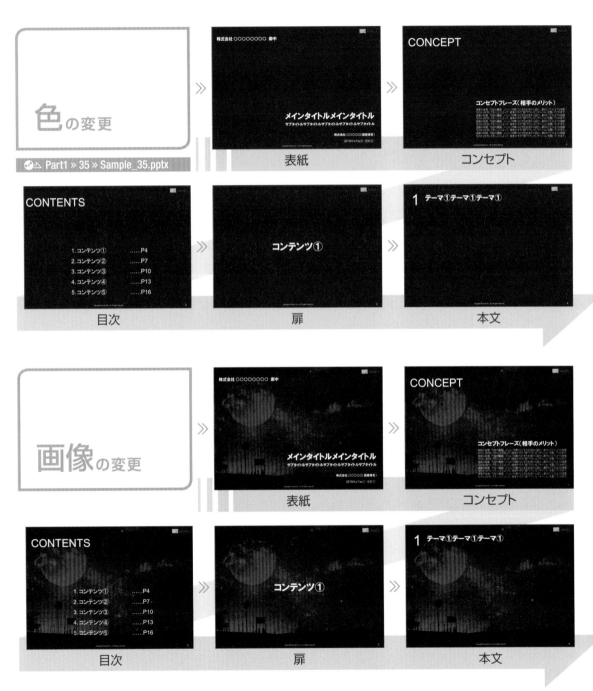

色の変更

Part1 » 35 » Sample_35.pptx

表紙 / コンセプト / 目次 / 扉 / 本文

画像の変更

表紙 / コンセプト / 目次 / 扉 / 本文

テンプレート適用例

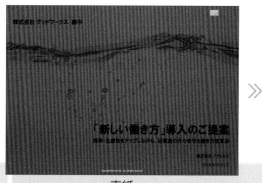

表紙

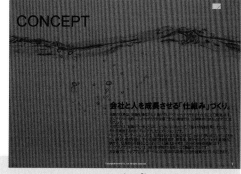

コンセプト

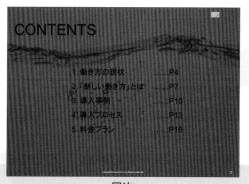

目次

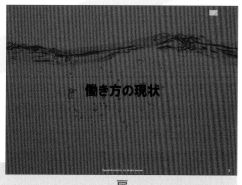

扉

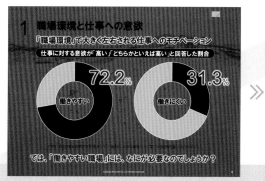

本文1

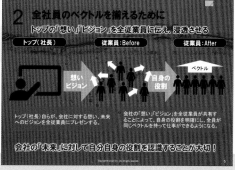

本文2

TEMPLATE

GRAY

適したプレゼン資料	営業提案・会社案内・社内資料・ 新規事業提案・イベント企画など

Part3 » 36 » Template_36.pptx

表紙

株式会社 ○○○○○○○○ 御中

メインタイトルメインタイトル
サブタイトルサブタイトルサブタイトルサブタイトルサブタイトル

株式会社 ○○○○○（提案者名）

2019年x月xx日（提案日）

コンセプト

CONCEPT

コンセプトフレーズ（相手のメリット）

提案の背景、内容の概要、メリット（効果）などをおおまかに紹介。最初に「どのような提案なのか」を示しておくことによって、相手がその"頭"でプレゼンテーションを聞いてくれます。
提案の背景、内容の概要、メリット（効果）などをおおまかに紹介。最初に「どのような提案なのか」を示しておくことによって、相手がその"頭"でプレゼンテーションを聞いてくれます。
提案の背景、内容の概要、メリット（効果）などをおおまかに紹介。最初に「どのような提案なのか」を示しておくことによって、相手がその"頭"でプレゼンテーションを聞いてくれます。
提案の背景、内容の概要、メリット（効果）などをおおまかに紹介。最初に「どのような提案なのか」を示しておくことによって、相手がその"頭"でプレゼンテーションを聞いてくれます。
提案の背景、内容の概要、メリット（効果）などをおおまかに紹介。最初に「どのような提案なのか」を示しておくことによって、相手がその"頭"でプレゼンテーションを聞いてくれます。

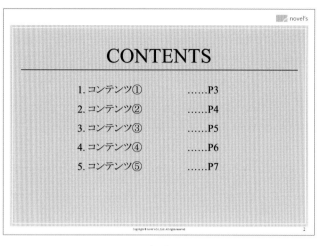

目次

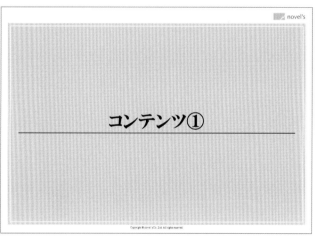

扉

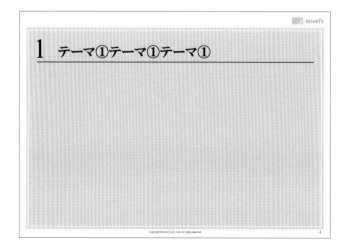

本文

カスタマイズサンプル

テンプレート適用例

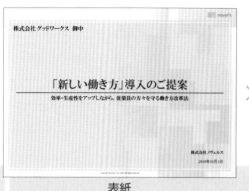

表紙

コンセプト

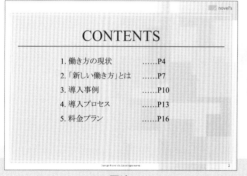

目次

扉

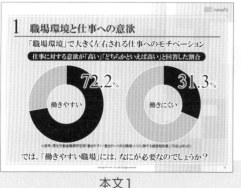

本文1

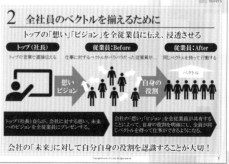

本文2

パーツ&背景
素材

APPENDIX

Parts&Backglound

パーツ素材

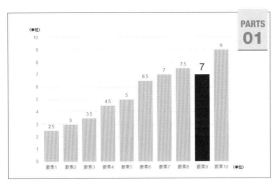

縦棒グラフ(標準)

PowerPoint　Appendix » Parts » Parts_01-01.pptx
図形　Appendix » Parts » Parts_01-02.pptx

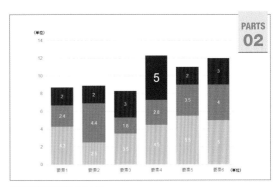

縦棒グラフ(積み上げ)

PowerPoint　Appendix » Parts » Parts_02-01.pptx
図形　Appendix » Parts » Parts_02-02.pptx

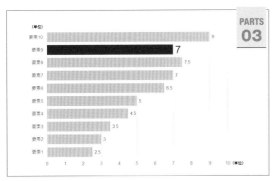

横棒グラフ(標準)

PowerPoint　Appendix » Parts » Parts_03-01.pptx
図形　Appendix » Parts » Parts_03-02.pptx

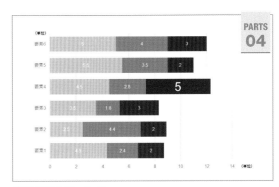

横棒グラフ(積み上げ)

PowerPoint　Appendix » Parts » Parts_04-01.pptx
図形　Appendix » Parts » Parts_04-02.pptx

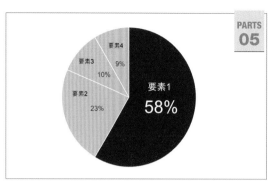

円グラフ(標準)

PowerPoint | Appendix » Parts » Parts_05-01.pptx
図形 | Appendix » Parts » Parts_05-02.pptx

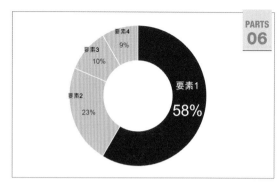

円グラフ(ドーナツ)

PowerPoint | Appendix » Parts » Parts_06-01.pptx
図形 | Appendix » Parts » Parts_06-02.pptx

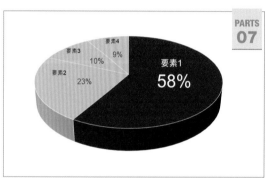

円グラフ(3D)

PowerPoint | Appendix » Parts » Parts_07-01.pptx
図形 | Appendix » Parts » Parts_07-02.pptx

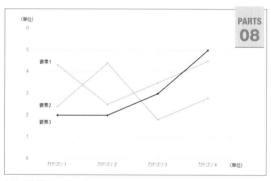

折れ線グラフ(標準)

PowerPoint | Appendix » Parts » Parts_08-01.pptx
図形 | Appendix » Parts » Parts_08-02.pptx

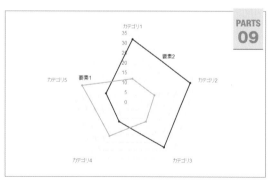

レーダーチャート(標準)

PowerPoint | Appendix » Parts » Parts_09-01.pptx
図形 | Appendix » Parts » Parts_09-02.pptx

カード型リスト(四角形・上下)

SmartArt | Appendix » Parts » Parts_10-01.pptx
図形 | Appendix » Parts » Parts_10-02.pptx

カード型リスト（四角形・横並び）

SmartArt　Appendix » Parts » Parts_11-01.pptx
図形　Appendix » Parts » Parts_11-02.pptx

カード型リスト（角丸四角形・上下）

SmartArt　Appendix » Parts » Parts_12-01.pptx
図形　Appendix » Parts » Parts_12-02.pptx

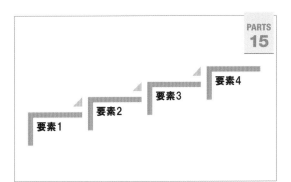

カード型リスト（角丸四角形・横並び）

SmartArt　Appendix » Parts » Parts_13-01.pptx
図形　Appendix » Parts » Parts_13-02.pptx

手順（基本ステップ）

SmartArt　Appendix » Parts » Parts_14-01.pptx
図形　Appendix » Parts » Parts_14-02.pptx

手順（ステップアッププロセス）

SmartArt　Appendix » Parts » Parts_15-01.pptx
図形　Appendix » Parts » Parts_15-02.pptx

手順（矢印と長方形のプロセス）

SmartArt　Appendix » Parts » Parts_16-01.pptx
図形　Appendix » Parts » Parts_16-02.pptx

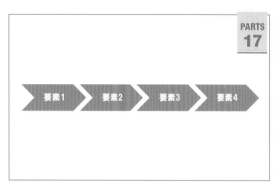

手順（プロセス）

SmartArt　Appendix ≫ Parts ≫ Parts_17-01.pptx
図形　Appendix ≫ Parts ≫ Parts_17-02.pptx

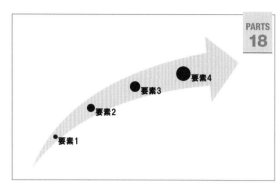

手順（上向き矢印）

SmartArt　Appendix ≫ Parts ≫ Parts_18-01.pptx
図形　Appendix ≫ Parts ≫ Parts_18-02.pptx

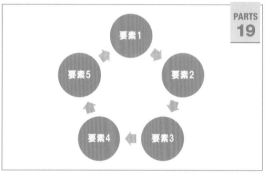

循環（基本）

SmartArt　Appendix ≫ Parts ≫ Parts_19-01.pptx
図形　Appendix ≫ Parts ≫ Parts_19-02.pptx

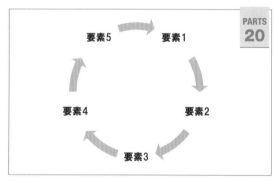

循環（テキスト）

SmartArt　Appendix ≫ Parts ≫ Parts_20-01.pptx
図形　Appendix ≫ Parts ≫ Parts_20-02.pptx

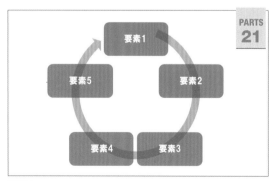

循環（連続性）

SmartArt　Appendix ≫ Parts ≫ Parts_21-01.pptx
図形　Appendix ≫ Parts ≫ Parts_21-02.pptx

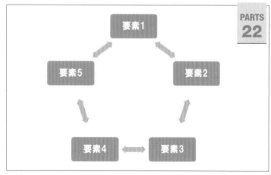

循環（双方向）

SmartArt　Appendix ≫ Parts ≫ Parts_22-01.pptx
図形　Appendix ≫ Parts ≫ Parts_22-02.pptx

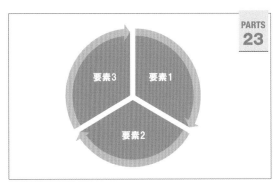

循環（円型）

SmartArt　Appendix » Parts » Parts_23-01.pptx
図形　Appendix » Parts » Parts_23-02.pptx

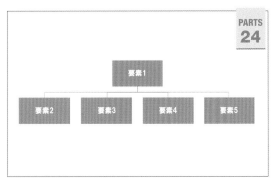

組織図（縦）

SmartArt　Appendix » Parts » Parts_24-01.pptx
図形　Appendix » Parts » Parts_24-02.pptx

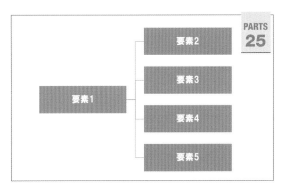

組織図（横）

SmartArt　Appendix » Parts » Parts_25-01.pptx
図形　Appendix » Parts » Parts_25-02.pptx

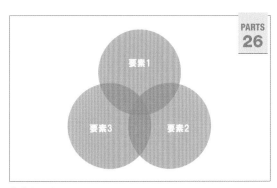

集合（基本）

SmartArt　Appendix » Parts » Parts_26-01.pptx
図形　Appendix » Parts » Parts_26-02.pptx

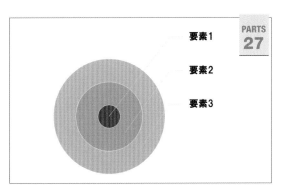

集合（ターゲット）

SmartArt　Appendix » Parts » Parts_27-01.pptx
図形　Appendix » Parts » Parts_27-02.pptx

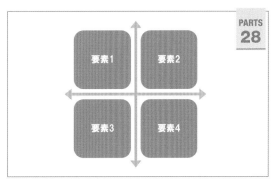

マトリックス（グリッド）

SmartArt　Appendix » Parts » Parts_28-01.pptx
図形　Appendix » Parts » Parts_28-02.pptx

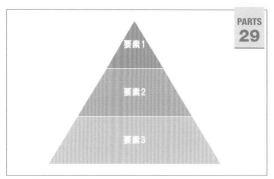

ピラミッド（基本）

SmartArt　Appendix » Parts » Parts_29-01.pptx
図形　Appendix » Parts » Parts_29-02.pptx

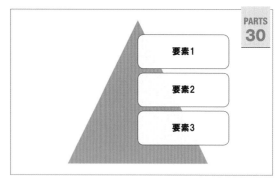

ピラミッド（リスト）

SmartArt　Appendix » Parts » Parts_30-01.pptx
図形　Appendix » Parts » Parts_30-02.pptx

ツリー

図形　Appendix » Parts » Parts_31.pptx

パズル

図形　Appendix » Parts » Parts_32.pptx

ひらめき

図形　Appendix » Parts » Parts_33.pptx

位置情報

図形　Appendix » Parts » Parts_34.pptx

レイヤー（フラット）
図形 Appendix » Parts » Parts_35.pptx

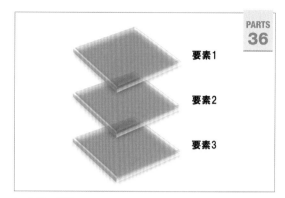

レイヤー（3D）
図形 Appendix » Parts » Parts_36.pptx

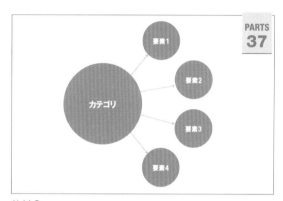

放射❶
図形 Appendix » Parts » Parts_37.pptx

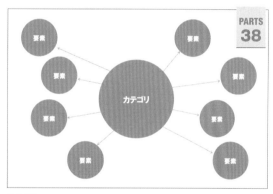

放射❷
図形 Appendix » Parts » Parts_38.pptx

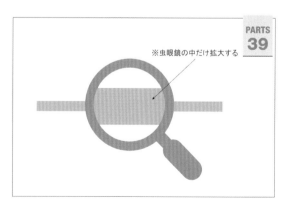

ズーム
図形 Appendix » Parts » Parts_39.pptx

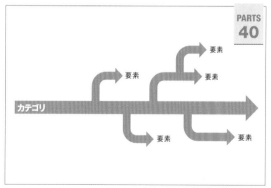

分岐❶
図形 Appendix » Parts » Parts_40.pptx

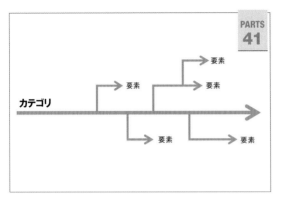

分岐❷
図形 | Appendix » Parts » Parts_41.pptx

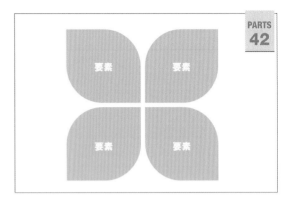

葉❶
図形 | Appendix » Parts » Parts_42.pptx

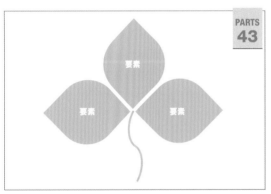

葉❷
図形 | Appendix » Parts » Parts_43.pptx

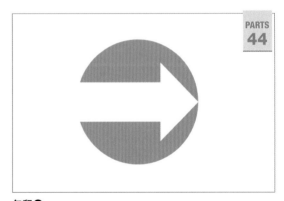

矢印❶
図形 | Appendix » Parts » Parts_44.pptx

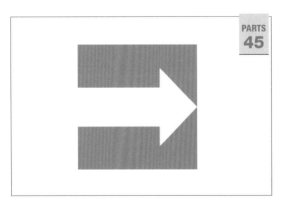

矢印❷
図形 | Appendix » Parts » Parts_45.pptx

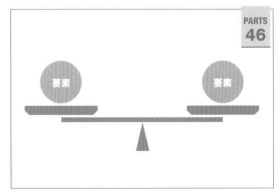

バランス❶
図形 | Appendix » Parts » Parts_46.pptx

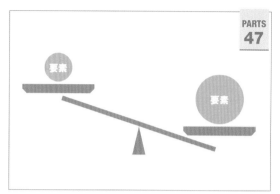

バランス❷
図形 Appendix » Parts » Parts_47.pptx

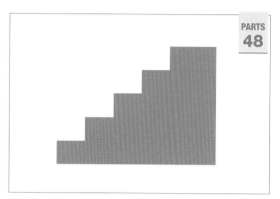

階段❶
図形 Appendix » Parts » Parts_48.pptx

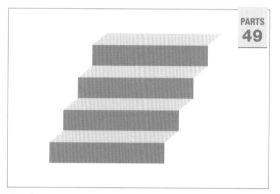

階段❷
図形 Appendix » Parts » Parts_49.pptx

ポイント
図形 Appendix » Parts » Parts_50.pptx

背景素材

Parts » Background » Back_01.pptx

Parts » Background » Back_02.pptx

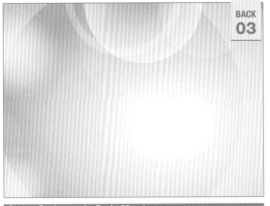

Parts » Background » Back_03.pptx

Parts » Background » Back_04.pptx

Parts » Background » Back_05.pptx

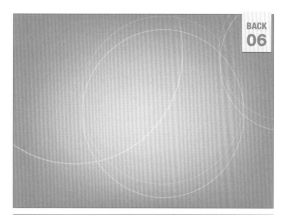

Parts » Background » Back_06.pptx

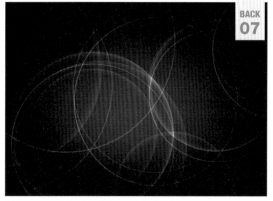

Parts » Background » Back_07.pptx

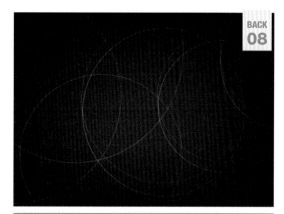

Parts » Background » Back_08.pptx

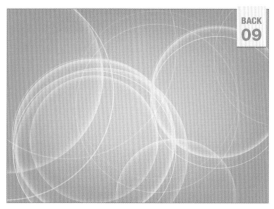

Parts » Background » Back_09.pptx

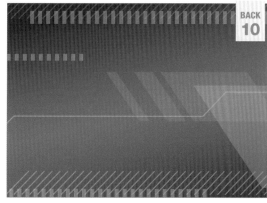

Parts » Background » Back_10.pptx

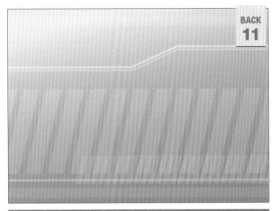

Parts » Background » Back_11.pptx

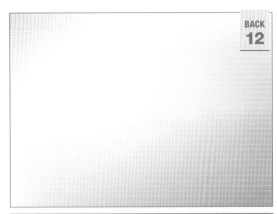

Parts » Background » Back_12.pptx

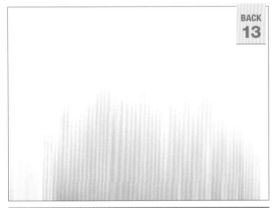

Parts » Background » Back_13.pptx

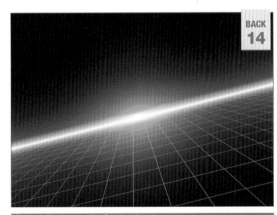

Parts » Background » Back_14.pptx

Parts » Background » Back_15.pptx

Parts » Background » Back_16.pptx

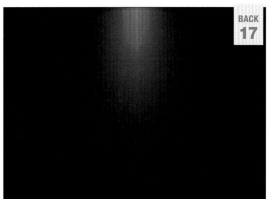

Parts » Background » Back_17.pptx

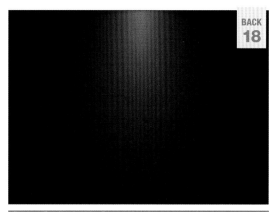

Parts » Background » Back_18.pptx

Parts » Background » Back_19.pptx

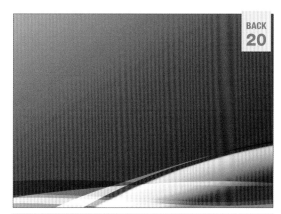

Parts » Background » Back_20.pptx

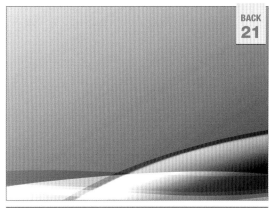

Parts » Background » Back_21.pptx

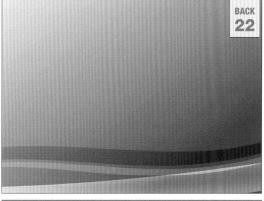

Parts » Background » Back_22.pptx

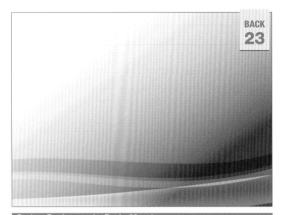

Parts » Background » Back_23.pptx

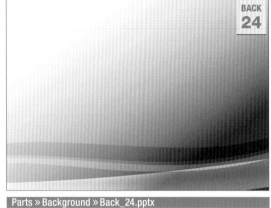

Parts » Background » Back_24.pptx

Parts » Background » Back_25.pptx

Parts » Background » Back_26.pptx

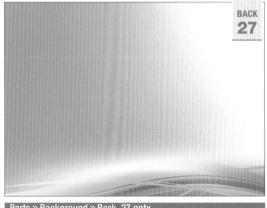

Parts » Background » Back_27.pptx

Parts » Background » Back_28.pptx

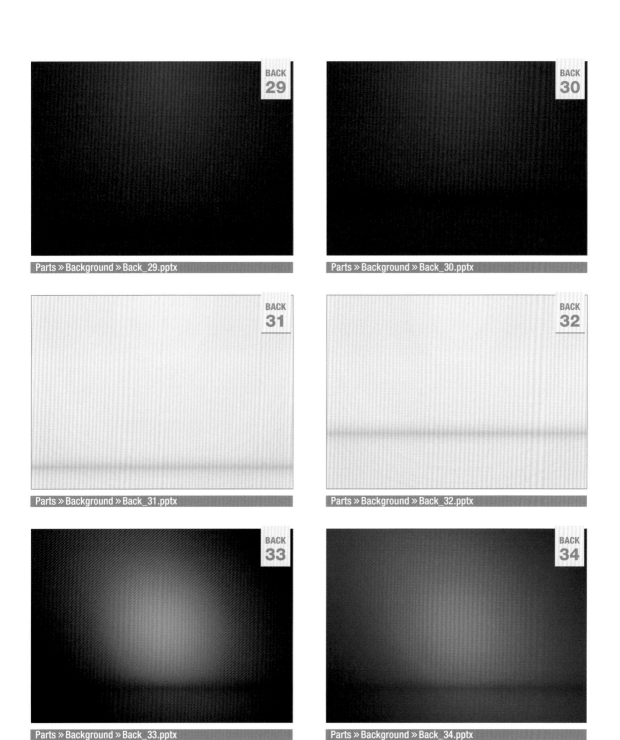

Parts » Background » Back_29.pptx

Parts » Background » Back_30.pptx

Parts » Background » Back_31.pptx

Parts » Background » Back_32.pptx

Parts » Background » Back_33.pptx

Parts » Background » Back_34.pptx

Parts » Background » Back_35.pptx

Parts » Background » Back_36.pptx

Parts » Background » Back_37.pptx

Parts » Background » Back_38.pptx

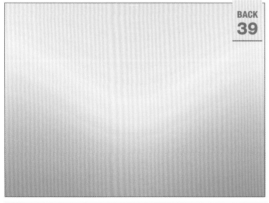

Parts » Background » Back_39.pptx

Parts » Background » Back_40.pptx

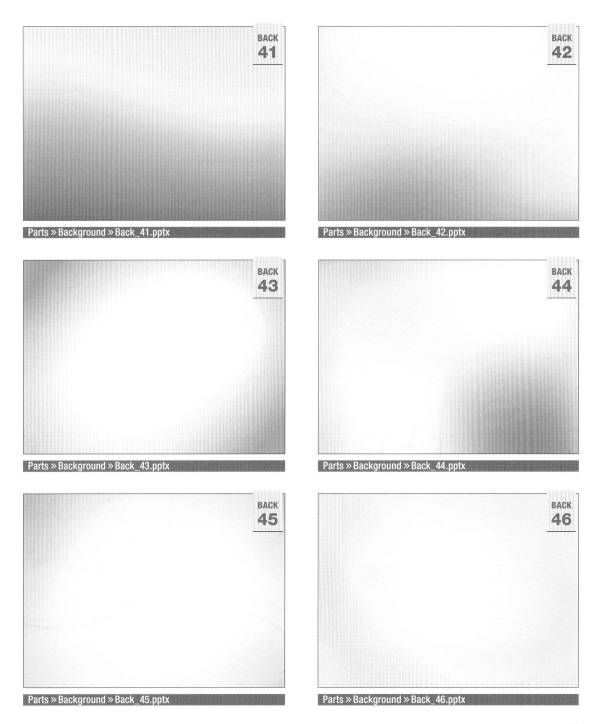

Parts » Background » Back_41.pptx

Parts » Background » Back_42.pptx

Parts » Background » Back_43.pptx

Parts » Background » Back_44.pptx

Parts » Background » Back_45.pptx

Parts » Background » Back_46.pptx

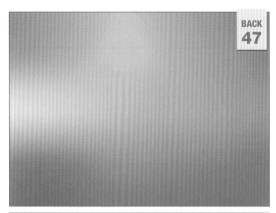

Parts » Background » Back_47.pptx

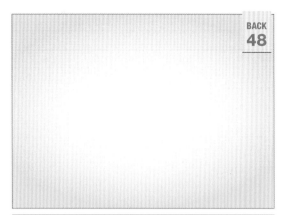

Parts » Background » Back_48.pptx

Parts » Background » Back_49.pptx

Parts » Background » Back_50.pptx

Parts » Background » Back_51.pptx

Parts » Background » Back_52.pptx

BACK
53

Parts » Background » Back_53.pptx

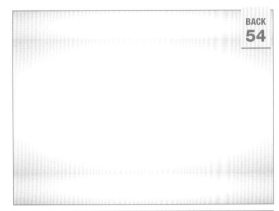

BACK
54

Parts » Background » Back_54.pptx

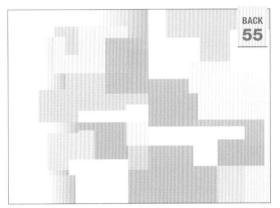

BACK
55

Parts » Background » Back_55.pptx

BACK
56

Parts » Background » Back_56.pptx

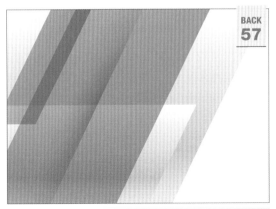

BACK
57

Parts » Background » Back_57.pptx

BACK
58

Parts » Background » Back_58.pptx

BACK
59

Parts » Background » Back_59.pptx

BACK
60

Parts » Background » Back_60.pptx

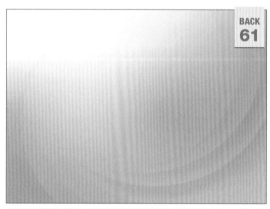

BACK
61

Parts » Background » Back_61.pptx

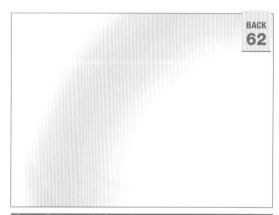

BACK
62

Parts » Background » Back_62.pptx

BACK
63

Parts » Background » Back_63.pptx

BACK
64

Parts » Background » Back_64.pptx

Parts » Background » Back_65.pptx

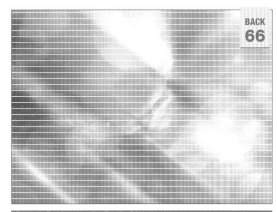

Parts » Background » Back_66.pptx

Parts » Background » Back_67.pptx

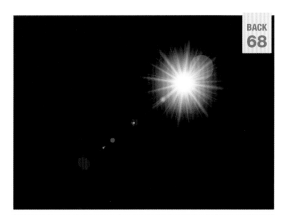

Parts » Background » Back_68.pptx

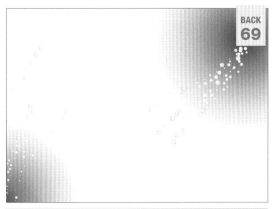

Parts » Background » Back_69.pptx

Parts » Background » Back_70.pptx

Parts » Background » Back_71.pptx

Parts » Background » Back_72.pptx

Parts » Background » Back_73.pptx

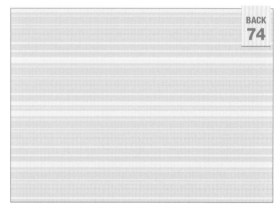

Parts » Background » Back_74.pptx

Parts » Background » Back_75.pptx

Parts » Background » Back_76.pptx

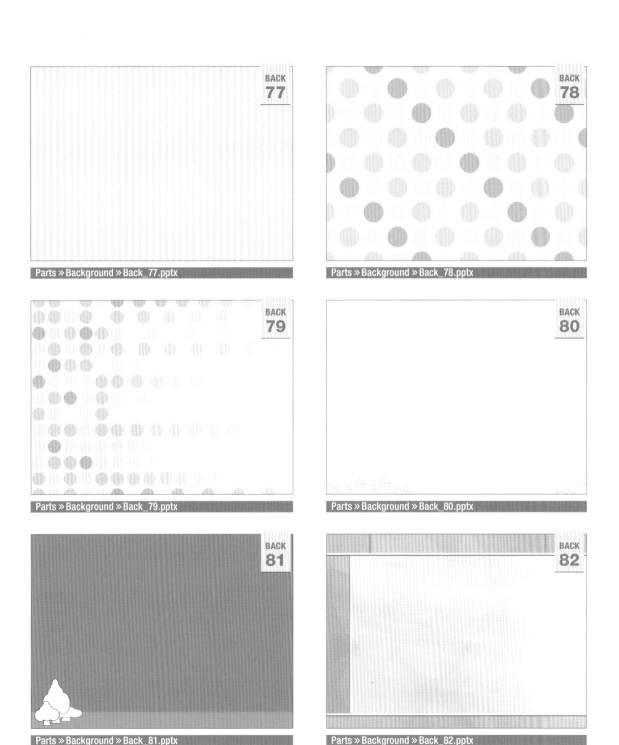

Parts » Background » Back_77.pptx

Parts » Background » Back_78.pptx

Parts » Background » Back_79.pptx

Parts » Background » Back_80.pptx

Parts » Background » Back_81.pptx

Parts » Background » Back_82.pptx

著者

河合 浩之 (かわい・ひろゆき)

株式会社ノヴェルス代表。コピーライター、グラフィックデザイナー、販促プランナーを経て、現在、プレゼンテーションデザイナーとして活動。プレゼンにおけるストーリー設計、スピーチ原稿作成、演出、PowerPoint / Keynoteスライド制作、本番でのパフォーマンス指導まで、プレゼンのトータルデザインを手がける。プレゼンやPowerPointに関するセミナー・企業研修も多数登壇。Microsoft MVP AwardのOffice PowerPoint部門を2011年より連続受賞。著書多数。台湾、中国でも翻訳出版されている。モットーは「プレゼンをもっとおもしろく、カジュアルに」。

YouTubeチャンネル » https://www.youtube.com/hiro513k
ウェブサイト » https://www.novel-s.jp/
Facebook » https://www.facebook.com/hiroyuki.kawai1

そのまま使える!
PowerPoint 企画書テンプレ素材集〆

2020年1月25日 初版 第1刷発行

著　者　　河合浩之
発行者　　片岡　巌
発行所　　株式会社技術評論社
　　　　　東京都新宿区市谷左内町21-13
　　　　　電話　03-3513-6150　販売促進部
　　　　　　　　03-3513-6160　書籍編集部
印刷／製本　図書印刷株式会社

定価はカバーに表示してあります。
本書の一部または全部を著作権の定める範囲を超え、無断で複写、複製、転載、データ化をすることを禁じます。

©2020 Hiroyuki Kawai
造本には細心の注意を払っておりますが、万一、乱丁や落丁がございましたら、小社販売促進部までお送りください。送料小社負担でお取り替えいたします。

ISBN978-4-297-10981-3 C3055
Printed in Japan.

STAFF

背景素材デザイン　　フクダミワ
デザイン　　　　　　原 真一朗
担当　　　　　　　　竹内仁志（技術評論社）

画像引用元

PAKUTASO (ぱくたそ)
https://www.pakutaso.com/

足成 (あしなり)
http://www.ashinari.com/

写真AC
https://www.photo-ac.com/

ヒューマンピクトグラム2.0
http://pictogram2.com/

シルエットデザイン
http://kage-design.com/wp/

■ お問い合わせに関しまして

本書に関するご質問については、FAXもしくは書面にて、必ず該当ページを明記のうえ、右記にお送りください。電話によるご質問および本書の内容と関係ないご質問につきましては、お答えできかねます。あらかじめ以上のことをご了承のうえ、お問い合わせください。

なお、ご質問の際にご記入いただいた個人情報は質問の返答以外の目的には使用いたしません。また、質問の返答後は速やかに削除させていただきます。

■ 問い合わせ先

〒162-0846
東京都新宿区市谷左内町21-13
株式会社技術評論社　書籍編集部
「そのまま使える!　PowerPoint 企画書テンプレ素材集〆」係
FAX:03-3513-6167
URL:https://book.gihyo.jp/116